中国城乡建设统计年鉴

China Urban-Rural Construction Statistical Yearbook

2023

中华人民共和国住房和城乡建设部 编

Ministry of Housing and Urban-Rural Development, P. R. CHINA

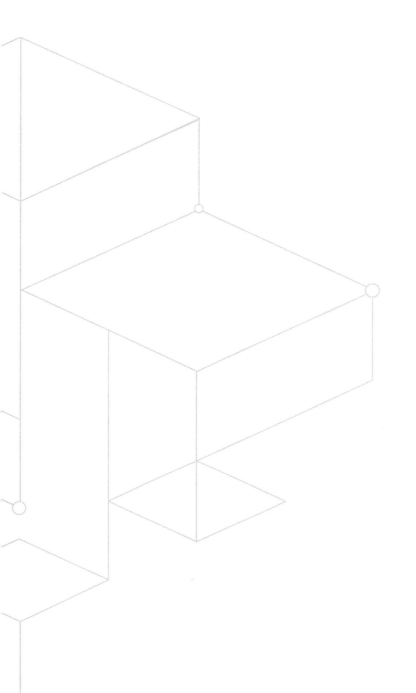

中国城市出版社

图书在版编目（CIP）数据

中国城乡建设统计年鉴：2023 = China Urban-Rural Construction Statistical Yearbook 2023 / 中华人民共和国住房和城乡建设部编. -- 北京：中国城市出版社，2024. 9. -- ISBN 978-7-5074-3756-0

Ⅰ. TU984.2-54

中国国家版本馆 CIP 数据核字第 2024QG1495 号

责任编辑：毕凤鸣
责任校对：张　颖

中国城乡建设统计年鉴2023
China Urban-Rural Construction
Statistical Yearbook 2023
中华人民共和国住房和城乡建设部　编
*
中国城市出版社出版、发行（北京海淀三里河路9号）
各地新华书店、建筑书店经销
北京鸿文瀚海文化传媒有限公司制版
北京中科印刷有限公司印刷
*
开本：965 毫米×1270 毫米　1/16　印张：13¼　字数：419 千字
2024 年 9 月第一版　　2024 年 9 月第一次印刷
定价：**168.00** 元
ISBN 978-7-5074-3756-0
（904775）

版权所有　翻印必究
如有内容及印装质量问题，请与本社读者服务中心联系
电话：（010）58337283　　QQ：2885381756
（地址：北京海淀三里河路9号中国建筑工业出版社604室　邮政编码：100037）

《中国城乡建设统计年鉴 2023》
编委会和编辑工作人员

一、编委会

主　　任：姜万荣

副 主 任：宋友春

编　　委：(以地区排名为序)

郑艳丽	魏惠东	王　荃	叶　炜	张　强	徐向东	张学锋	宋　刚
于新芳	聂海俊	曹桂喆	王光辉	邢文忠	刘红卫	李守志	李舒亮
金　晨	马　韧	陈浩东	路宏伟	张清云	姚昭晖	刘孝华	赵新泽
朱子君	苏友佺	王晓明	王玉志	董海立	李晶杰	谈华初	宁艳芳
易小林	李海平	杨绿峰	汪夏明	高　磊	陈光宇	吴　波	叶长春
田　文	陈　勇	边　疆	杨　渝	李修武	于　洋	付　涛	王　勇
李兰宏	唐晓剑	李　斌	李林毓	木塔力甫·艾力		王恩茂	

二、编辑工作人员

总 编 辑：南　昌

副总编辑：卢　嘉　李雪娇

编辑人员：(以地区排名为序)

郑　炎	王宇慧	王　震	赵锦一	武子姗	徐　禄	姜忠志	尹振军
朱芃莉	杨晓永	刘占峰	张　伟	李芳芳	宋兵跃	姚　娜	杜艳捷
王玉琦	刘　勇	杨　婧	王小飞	李颖慧	梁立方	张家政	冷会杰
司　慧	沈晓红	付肇群	宫新博	孙辉东	王　欢	林　岩	肖楚宇
王嘉琦	王　爽	栗建业	谷洪义	杜金芝	苑晓东	邓绪明	刘宪彬
江　星	史简青	路文龙	王　青	张　力	丁　化	陈明伟	俞　非
王山红	贾利松	苏　娟	吴毅峰	邱亦东	胡　璞	沈昆卉	林志诚
孟　奎	余　燕	陈文杰	王少彬	王晓霞	范文亮	王登平	陈善游
冯友明	刘　潇	常旭阳	司　文	李　晓	贾　蕊	郭彩文	李洪涛
王　珂	韩文超	张　雷	查良春	凌小刚	张明豪	王禹夫	田明革
王　畅	徐碧波	杨爱春	赵鹏凯	朱文静	吴　茵	曾俊杰	陆庆婷
秦德坤	林传华	吴利敏	林远征	廖　楠	江　浩	叶晓璇	裴　玮
何国林	林　琳	安旭慧	莫志刚	梅朝伟	廖人珑	沈　键	孙俊伟
陈宏玲	马　望	姚文锋	格桑顿珠	熊艳玲	李兆山	德庆卓嘎	
张立群	杨　莹	吕　洁	王光辉	张益胜	李佳容	马筵栋	张英伟
李志国	于学刚	王章军	李　崑	李　军	马路遥	吕建华	杨　帆
艾乃尔巴音		马　玉	巴尔古丽·依明		张　辉	韩延星	赵宛值

China Urban-Rural Construction Statistical Yearbook 2023
Editorial Board and Editorial Staff

I. Editorial Board

Chairman: Jiang Wanrong

Vice-chairman: Song Youchun

Editorial Board: (in order of Regions)

Zheng Yanli　Wei Huidong　Wang Quan　Ye Wei　Zhang Qiang　Xu Xiangdong
Zhang Xuefeng　Song Gang　Yu Xinfang　Nie Haijun　Cao Guizhe　Wang Guanghui
Xing Wenzhong　Liu Hongwei　Li Shouzhi　Li Shuliang　Jin Chen　Ma Ren
Chen Haodong　Lu Hongwei　Zhang Qingyun　Yao Zhaohui　Liu Xiaohua
Zhao Xinze　Zhu Zijun　Su Youquan　Wang Xiaoming　Wang Yuzhi　Dong Haili
Li Jingjie　Tan Huachu　Ning Yanfang　Yi Xiaolin　Li Haiping　Yang Lvfeng
Wang Xiaming　Gao Lei　Chen Guangyu　Wu Bo　Ye Changchun　Tian Wen
Chen Yong　Bian Jiang　Yang Yu　Li Xiuwu　Yu Yang　Fu Tao　Wang Yong
Li Lanhong　Tang Xiaojian　Li Bin　Li Linyu　Mutalifu · Aili　Wang Enmao

II. Editorial Staff

Editor-in-chief: Nan Chang

Associate Editors-in-chief: Lu Jia　Li Xuejiao

Directors of Editorial Department: (in order of Regions)

Zheng Yan　Wang Yuhui　Wang Zhen　Zhao Jinyi　Wu Zishan　Xu Lu　Jiang Zhongzhi
Yin Zhenjun　Zhu Pengli　Yang Xiaoyong　Liu Zhanfeng　Zhang Wei　Li Fangfang
Song Bingyue　Yao Na　Du Yanjie　Wang Yuqi　Liu Yong　Yang Jing　Wang Xiaofei
Li Yinghui　Liang Lifang　Zhang Jiazheng　Leng Huijie　Si Hui　Shen Xiaohong
Fu Zhaoqun　Gong Xinbo　Sun Huidong　Wang Huan　Lin Yan　Xiao Chuyun　Wang Jiaqi
Wang Shuang　Li Jianye　Gu Hongyi　Du Jinzhi　Yuan Xiaodong　Deng Xuming
Liu Xianbin　Jiang Xing　Shi Jianqing　Lu Wenlong　Wang Qing　Zhang Li　Ding Hua
Chen Mingwei　Yu Fei　Wang Shanhong　Jia Lisong　Su Juan　Wu Yifeng　Qiu Yidong
Hu Pu　Shen Kunhui　Lin Zhicheng　Meng Kui　Yu Yan　Chen Wenjie　Wang Shaobin
Wang Xiaoxia　Fan Wenliang　Wang Dengping　Chen Shanyou　Feng Youming　Liu Xiao
Chang Xuyang　Si Wen　Li Xiao　Jia Rui　Guo Caiwen　Li Hongtao　Wang Ke
Han Wenchao　Zhang Lei　Zha Liangchun　Ling Xiaogang　Zhang Minghao　Wang Yufu
Tian Mingge　Wang Chang　Xu Bibo　Yang Aichun　Zhao Pengkai　Zhu Wenjing　Wu Yin
Zeng Junjie　Lu Qingting　Qin Dekun　Lin Chuanhua　Wu Limin　Lin Yuanzheng　Liao Nan
Jiang Hao　Ye Xiaoxuan　Pei Wei　He Guolin　Lin Lin　An Xuhui　Mo Zhigang
Mei Chaowei　Liao Renlong　Shen Jian　Sun Junwei　Chen Hongling　Ma Wang　Yao Wenfeng
Gesang Dunzhu　Xiong Yanling　Li Zhaoshan　Deqing Zhuoga　Zhang Liqun　Yang Ying
Lv Jie　Wang Guanghui　Zhang Yisheng　Li Jiarong　Ma Yandong　Zhang Yingwei　Li Zhiguo
Yu Xuegang　Wang Zhangjun　Li Kun　Li Jun　Ma Luyao　Lv Jianhua　Yang Fan
Ainaier Bayin　Ma Yu　Baerguli · Yiming　Zhang Hui　HanYanxing　Zhao Wanzhi

编辑说明

一、为全面反映我国城乡市政公用设施建设与发展状况，方便国内外各界了解中国城乡建设全貌，我们编辑了《中国城乡建设统计年鉴》《中国城市建设统计年鉴》和《中国县城建设统计年鉴》中英文对照本，每年公布一次，供社会广大读者作为资料性书籍使用。

二、本年鉴的统计范围

设市城市的城区：市本级（1）街道办事处所辖地域；（2）城市公共设施、居住设施和市政公用设施等连接到的其他镇（乡）地域；（3）常住人口在3000人以上独立的工矿区、开发区、科研单位、大专院校等特殊区域。

县城：（1）县政府驻地的镇、乡或街道办事处地域（城关镇）；（2）县城公共设施、居住设施和市政公用设施等连接到的其他镇（乡）地域；（3）常住人口在3000人以上独立的工矿区、开发区、科研单位、大专院校等特殊区域。

村镇：政府驻地的公共设施和居住设施没有和城区（县城）连接的建制镇、乡和镇乡级特殊区域。

三、2023年底全国境内31个省、自治区、直辖市，共有694个设市城市，1470个县（含自治县、旗、自治旗、林区、特区。下同），21421个建制镇，8190个乡（含民族乡、苏木、民族苏木。下同），48.9万个行政村。

四、本年鉴根据各省、自治区和直辖市建设行政主管部门上报的2023年城乡建设统计数据编辑，由城市（城区）、县城、村镇三部分组成：

（一）城市（城区）部分，统计了690个城市、5个特殊区域。5个特殊区域包括辽宁省沈抚改革创新示范区、吉林省长白山保护开发区管理委员会、河南省郑州航空港经济综合实验区、陕西省杨凌区和宁夏回族自治区宁东。

（二）县城部分，统计了1466个县和16个特殊区域。河北省沧县，山西省泽州县，辽宁省抚顺县、铁岭县，新疆维吾尔自治区乌鲁木齐县、和田县等6个县，因与所在城市市县同城，县城部分不含上述县城数据，数据含在其所在城市中；福建省金门县暂无数据资料。

16个特殊区域包括河北省曹妃甸区、白沟新城，山西省云州区，黑龙江省加格达奇区，湖北省神农架林区，湖南省望城区、南岳、大通湖区，海南省洋浦经济开发区，四川省东部新区管理委员会、四川省眉山天府新区，贵州省六枝特区，云南省昆明阳宗海风景名胜区，青海省西海镇、大柴旦行委，宁夏回族自治区红寺堡区。

（三）村镇部分，统计了19366个建制镇、7921个乡、385个镇乡级特殊区域和234.0万个自然村（其中村民委员会所在地47.8万个）。

五、本年鉴数据不包括香港特别行政区、澳门特别行政区以及台湾省。

六、本年鉴中除人均住宅建筑面积、人均日生活用水外，所有人均指标、普及率指标均以户籍人口与暂住人口合计为分母计算。

七、本年鉴中"空格"表示该项统计指标数据不足本表最小单位数、数据不详或无该项数据。

八、本年鉴中部分数据合计数或相对数由于单位取舍不同而产生的计算误差，均没有进行机械调整。

九、为促进中国建设行业统计信息工作的发展，欢迎广大读者提出改进意见。

EDITOR'S NOTES

1. *China Urban－Rural Construction Statistical Yearbook*, *China Urban Construction Statistical Yearbook* and *China County Seat Construction Statistical Yearbook* are published annually in both Chinese and English languages to provide comprehensive information on urban and rural service facilities development in China. Being the source of facts, the yearbooks help to facilitate the understanding of people from all walks of life at home and abroad on China's urban and rural development.

2. Coverage of the statistics

Urban Areas: (1) areas under the jurisdiction of neighborhood administration; (2) other towns (townships) connected to urban public facilities, residential facilities and municipal utilities; (3) special areas like independent industrial and mining districts, development zones, research institutes, and universities and colleges with permanent residents of 3000 and above.

County Seat Areas: (1) towns and townships where county governments are situated and areas under the jurisdiction of neighborhood administration; (2) other towns (townships) connected to county seat public facilities, residential facilities and municipal utilities; (3) special areas like independent industrial and mining districts, development zones, research institutes, and universities and colleges with permanent residents of 3000 and above.

Villages and Small Towns Areas: towns, townships and special district at township level of which public facilities and residential facilities are not connected to those of cities (county seats).

3. There were a total of 694 cities, 1470 counties (including autonomous counties, banners, autonomous banners, forest districts, and special districts), 21421 towns, 8190 townships (including minority townships, Sumus and minority Sumus), and 489 thousand administrative villages in all the 31 provinces, autonomous regions and municipalities across China by the end of 2023.

4. The yearbook is compiled based on statistical data on urban and rural construction in year 2023 that were reported by construction authorities of provinces, autonomous regions and municipalities directly under the central government. The yearbook is composed of statistics for three parts, namely statistics for cities (urban districts), county seats, and villages and small towns.

(1) In the part of Cities (Urban Districts), data are from 690 cities and 5 special zones. 5 special zones include Shenfu Reform and Innovation Demonstration Zone in Liaoning Province, Changbai Mountain Protection Development Management Committee in Jilin Province, Zhengzhou Airport Economy Zone in Henan Province, Yangling District in Shaanxi Province and Ningdong in Ningxia Autonomous Region.

(2) In the part of County Seats, data is from 1466 counties, 16 special zones and districts. Data from 6 counties including Cangxian county in Hebei Province, Zezhou county in Shanxi Province, Fushun and Tieling county in Liaoning Province, and Urumqi and Hetian county in Xinjiang Uygur Autonomous Region are included in the statistics of the respective cities administering the above counties due to the identity of the location between the county seats and the cities; data on Jinmen County in Fujian Province has not been available at the moment.

16 special zones and districts include Caofeidian and Baigouxincheng in Hebei Province, Yunzhou District in

Shanxi Province, Jiagedaqi in Heilongjiang Province, Shennongjia Forestry District in Hubei Province, Wangcheng District, Nanyue District and Datong Lake District in Hunan Province, Yangpu Economic Development Zone in Hainan Province, Eastern New Area in Sichuan Province, Meishan Tianfu New Area in Sichuan Province, Liuzhite District in Guizhou Province, Kunming Yangzonghai Scenic Spot in Yunnan Province, Xihai Town and Dachaidan Administrative Commission in Qinghai Province, and Hongsibao Development Zone in Ningxia Autonomous Region.

(3) In the part of Villages and Towns, statistics is based on data from 19366 towns, 7921 townships, 385 special areas at the level of town and township, and 2.340 million natural villages including 478 thousand villages where villagers' committees are situated.

5. This yearbook does not include data of Hong Kong Special Administrative Region, Macao Special Administrative Region and Taiwan Province.

6. All the per capita and coverage rate data in this yearbook, except the per capita residential floor area and per capita daily consumption of domestic water, are calculated using the sum of resident and non-resident population as a denominator.

7. In this yearbook "blank space" indicates that the figure is not large enough to be measured with the smallest unit in the table, or data are unknown or are not available.

8. The calculation errors of the total or relative value of some data in this yearbook arising from the use of different measurement units have not been mechanically aligned.

9. Any comments to improve the quality of the yearbook are welcomed to promote the advancement in statistics in China's construction industry.

目 录
Contents

城市部分
Statistics for Cities

一、综合数据
General Data

1-1-1 全国历年城市市政公用设施水平 ········ 3
Level of National Urban Service Facilities in Past Years

1-1-2 全国城市市政公用设施水平（2023 年） ········ 4
National Level of National Urban Service Facilities（2023）

1-2-1 按行业分全国历年城市市政公用设施建设固定资产投资 ········ 6
National Fixed Assets Investment in Urban Service Facilities by Industry in Past Years

1-2-2 按行业分全国城市市政公用设施建设固定资产投资（2023 年） ········ 8
National Fixed Assets Investment in Urban Service Facilities by Industry（2023）

1-3-1 按资金来源分全国历年城市市政公用设施建设固定资产投资 ········ 10
National Fixed Assets Investment in Urban Service Facilities by Capital Source in Past Years

1-3-2 按资金来源分全国城市市政公用设施建设固定资产投资（2023 年） ········ 12
National Fixed Assets Investment in Urban Service Facilities by Capital Source（2023）

二、居民生活数据
Data by Residents Living

1-4-1 全国历年城市供水情况 ········ 14
National Urban Water Supply in Past Years

1-4-2 城市供水（2023 年） ········ 16
Urban Water Supply（2023）

1-4-3 城市供水（公共供水）（2023 年） ········ 18
Urban Water Supply（Public Water Suppliers）（2023）

1-4-4 城市供水（自建设施供水）（2023 年） ········ 20
Urban Water Supply（Suppliers with Self-Built Facilities）（2023）

1-5-1 全国历年城市节约用水情况 ········ 22
National Urban Water Conservation in Past Years

1-5-2 城市节约用水（2023 年） ········ 24
Urban Water Conservation（2023）

1-6-1	全国历年城市燃气情况 National Urban Gas in Past Years	26
1-6-2	城市人工煤气（2023年） Urban Man-Made Coal Gas(2023)	28
1-6-3	城市天然气（2023年） Urban Natural Gas(2023)	30
1-6-4	城市液化石油气（2023年） Urban LPG Supply(2023)	32
1-7-1	全国历年城市集中供热情况 National Urban Centralized Heating in Past Years	34
1-7-2	城市集中供热（2023年） Urban Central Heating(2023)	36

三、居民出行数据
Data by Residents Travel

1-8-1	全国历年城市轨道交通情况 National Urban Rail Transit System in Past Years	38
1-8-2	城市轨道交通（建成）（2023年） Urban Rail Transit System (Completed)(2023)	40
1-8-3	城市轨道交通（在建）（2023年） Urban Rail Transit System (Under Construction)(2023)	42
1-9-1	全国历年城市道路和桥梁情况 National Urban Road and Bridge in Past Years	44
1-9-2	城市道路和桥梁（2023年） Urban Roads and Bridges(2023)	46

四、环境卫生数据
Data by Environmental Health

1-10-1	全国历年城市排水和污水处理情况 National Urban Drainage and Wastewater Treatment in Past Years	48
1-10-2	城市排水和污水处理（2023年） Urban Drainage and Wastewater Treatment(2023)	50
1-11-1	全国历年城市市容环境卫生情况 National Urban Environmental Sanitation in Past Years	52
1-11-2	城市市容环境卫生（2023年） Urban Environmental Sanitation(2023)	54

五、绿色生态数据
Data by Green Ecology

1-12-1	全国历年城市园林绿化情况 National Urban Landscaping in Past Years	56
1-12-2	城市园林绿化（2023年） Urban Landscaping(2023)	58

县城部分
Statistics for County Seats

一、综合数据
General Data

- 2-1-1 全国历年县城市政公用设施水平 ······ 63
  Level of Service Facilities of National County Seat in Past Years
- 2-1-2 全国县城市政公用设施水平（2023年）······ 64
  Level of National County Seat Service Facilities (2023)
- 2-2-1 按行业分全国历年县城市政公用设施建设固定资产投资 ······ 66
  National Fixed Assets Investment of County Seat Service Facilities by Industry in Past Years
- 2-2-2 按行业分全国县城市政公用设施建设固定资产投资（2023年）······ 68
  National Investment in Fixed Assets of County Seat Service Facilities by Industry (2023)
- 2-3-1 按资金来源分全国历年县城市政公用设施建设固定资产投资 ······ 70
  National Fixed Assets Investment of County Seat Service Facilities by Capital Source in Past Years
- 2-3-2 按资金来源分全国县城市政公用设施建设固定资产投资（2023年）······ 72
  National Investment in Fixed Assets of County Seat Service Facilities by Capital Source (2023)

二、居民生活数据
Data by Residents Living

- 2-4-1 全国历年县城供水情况 ······ 74
  National County Seat Water Supply in Past Years
- 2-4-2 县城供水（2023年）······ 76
  County Seat Water Supply (2023)
- 2-4-3 县城供水（公共供水）（2023年）······ 78
  County Seat Water Supply (Public Water Suppliers) (2023)
- 2-4-4 县城供水（自建设施供水）（2023年）······ 80
  County Seat Water Supply (Suppliers with Self-Built Facilities) (2023)
- 2-5-1 全国历年县城节约用水情况 ······ 82
  National County Seat Water Conservation in Past Years
- 2-5-2 县城节约用水（2023年）······ 84
  County Seat Water Conservation (2023)
- 2-6-1 全国历年县城燃气情况 ······ 86
  National County Seat Gas in Past Years
- 2-6-2 县城人工煤气（2023年）······ 88
  County Seat Man-Made Coal Gas (2023)
- 2-6-3 县城天然气（2023年）······ 90
  County Seat Natural Gas (2023)
- 2-6-4 县城液化石油气（2023年）······ 92
  County Seat LPG Supply (2023)
- 2-7-1 全国历年县城集中供热情况 ······ 94
  National County Seat Centralized Heating in Past Years

2-7-2 县城集中供热（2023年） …… 96
County Seat Central Heating(2023)

三、居民出行数据
Data by Residents Travel

2-8-1 全国历年县城道路和桥梁情况 …… 98
National County Seat Road and Bridge in Past Years

2-8-2 县城道路和桥梁（2023年） …… 99
County Seat Roads and Bridges(2023)

四、环境卫生数据
Data by Environmental Health

2-9-1 全国历年县城排水和污水处理情况 …… 101
National County Seat Drainage and Wastewater Treatment in Past Years

2-9-2 县城排水和污水处理（2023年） …… 102
County Seat Drainage and Wastewater Treatment(2023)

2-10-1 全国历年县城市容环境卫生情况 …… 104
National County Seat Environmental Sanitation in Past Years

2-10-2 县城市容环境卫生（2023年） …… 106
County Seat Environmental Sanitation(2023)

五、绿色生态数据
Data by Green Ecology

2-11-1 全国历年县城园林绿化情况 …… 108
National County Seat Landscaping in Past Years

2-11-2 县城园林绿化（2023年） …… 110
County Seat Landscaping(2023)

村镇部分
Statistics for Villages and Small Towns

3-1-1 全国历年建制镇及住宅基本情况 …… 114
National Summary of Towns and Residential Building in Past Years

3-1-2 全国历年建制镇市政公用设施情况 …… 116
National Municipal Public Facilities of Towns in Past Years

3-1-3 全国历年乡及住宅基本情况 …… 118
National Summary of Townships and Residential Building in Past Years

3-1-4 全国历年乡市政公用设施情况 …… 120
National Municipal Public Facilities of Townships in Past Years

3-1-5 全国历年村庄基本情况 …… 122
National Summary of Villages in Past Years

3-2-1 建制镇市政公用设施水平（2023年） …… 124
Level of Municipal Public Facilities of Built-up Area of Towns (2023)

3-2-2 建制镇基本情况（2023年） …… 126
Summary of Towns(2023)

3-2-3	建制镇供水（2023年）	128
	Water Supply of Towns(2023)	
3-2-4	建制镇燃气、供热、道路桥梁（2023年）	130
	Gas, Central Heating, Road and Bridges of Towns(2023)	
3-2-5	建制镇排水和污水处理（2023年）	132
	Drainage and Wastewater Treatment of Towns(2023)	
3-2-6	建制镇园林绿化及环境卫生（2023年）	133
	Landscaping and Environmental Sanitation of Towns(2023)	
3-2-7	建制镇房屋（2023年）	134
	Building Construction of Towns(2023)	
3-2-8	建制镇建设投入（2023年）	136
	Construction Input of Towns(2023)	
3-2-9	乡市政公用设施水平（2023年）	138
	Level of Municipal Public Facilities of Built-up Area of Townships(2023)	
3-2-10	乡基本情况（2023年）	140
	Summary of Townships(2023)	
3-2-11	乡供水（2023年）	142
	Water Supply of Townships(2023)	
3-2-12	乡燃气、供热、道路桥梁（2023年）	144
	Gas, Central Heating, Roads and Bridges of Townships(2023)	
3-2-13	乡排水和污水处理（2023年）	146
	Drainage and Wastewater Treatment of Townships(2023)	
3-2-14	乡园林绿化及环境卫生（2023年）	147
	Landscaping and Environmental Sanitation of Townships(2023)	
3-2-15	乡房屋（2023年）	148
	Building Construction of Townships(2023)	
3-2-16	乡建设投入（2023年）	150
	Construction Input of Townships(2023)	
3-2-17	镇乡级特殊区域市政公用设施水平（2023年）	152
	Level of Municipal Public Facilities of Built-up Area of Special District at Township Level(2023)	
3-2-18	镇乡级特殊区域基本情况（2023年）	154
	Summary of Special District at Township Level(2023)	
3-2-19	镇乡级特殊区域供水（2023年）	156
	Water Supply of Special District at Township Level(2023)	
3-2-20	镇乡级特殊区域燃气、供热、道路桥梁（2023年）	158
	Gas, Central Heating, Road and Bridge of Special District at Township Level(2023)	
3-2-21	镇乡级特殊区域排水和污水处理（2023年）	160
	Drainage and Wastewater Treatment of Special District at Township Level(2023)	
3-2-22	镇乡级特殊区域园林绿化及环境卫生（2023年）	161
	Landscaping and Environmental Sanitation of Special District at Township Level(2023)	
3-2-23	镇乡级特殊区域房屋（2023年）	162

Building Construction of Special District at Township Level(2023)

3-2-24 镇乡级特殊区域建设投入（2023 年） …………………………………………… 164
Construction Input of Special District at Township Level(2023)

3-2-25 村庄人口及面积（2023 年） …………………………………………………… 166
Population and Area of Villages(2023)

3-2-26 村庄公共设施（一）（2023 年） ………………………………………………… 168
Public Facilities of Villages Ⅰ(2023)

3-2-27 村庄公共设施（二）（2023 年） ………………………………………………… 170
Public Facilities of Villages Ⅱ(2023)

3-2-28 村庄房屋（2023 年） …………………………………………………………… 172
Building Construction of Villages(2023)

3-2-29 村庄建设投入（2023 年） ……………………………………………………… 174
Construction Input of Villages(2023)

主要指标解释 …………………………………………………………………………… 178
Explanatory Notes on Main Indicators

城市部分

Statistics for Cities

一、综合数据
General Data

1-1-1 全国历年城市市政公用设施水平
Level of National Urban Service Facilities in Past Years

年份 Year	供水普及率 (%) Water Coverage Rate (%)	燃气普及率 (%) Gas Coverage Rate (%)	人均道路面积 (平方米) Road Surface Area Per Capita (sq. m)	污水处理率 (%) Wastewater Treatment Rate (%)	园林绿化 Landscaping			每万人拥有公厕 (座) Number of Public Lavatories per 10000 Persons (unit)
					人均公园绿地面积 (平方米) Public Recreational Green Space Per Capita (sq. m)	建成区绿化覆盖率 (%) Green Coverage Rate of Built District (%)	建成区绿地率 (%) Green Space Rate of Built District (%)	
1978								
1979								
1980								
1981	53.7	11.6	1.81		1.50			3.77
1982	56.7	12.6	1.96		1.65			3.99
1983	52.5	12.3	1.88		1.71			3.95
1984	49.5	13.0	1.84		1.62			3.57
1985	45.1	13.0	1.72		1.57			3.28
1986	51.3	15.2	3.05		1.84	16.90		3.61
1987	50.4	16.7	3.10		1.90	17.10		3.54
1988	47.6	16.5	3.10		1.76	17.00		3.14
1989	47.4	17.8	3.22		1.69	17.80		3.09
1990	48.0	19.1	3.13		1.78	19.20		2.97
1991	54.8	23.7	3.35	14.86	2.07	20.10		3.38
1992	56.2	26.3	3.59	17.29	2.13	21.00		3.09
1993	55.2	27.9	3.70	20.02	2.16	21.30		2.89
1994	56.0	30.4	3.84	17.10	2.29	22.10		2.69
1995	58.7	34.3	4.36	19.69	2.49	23.90		3.00
1996	60.7	38.2	4.96	23.62	2.76	24.43	19.05	3.02
1997	61.2	40.0	5.22	25.84	2.93	25.53	20.57	2.95
1998	61.9	41.8	5.51	29.56	3.22	26.56	21.81	2.89
1999	63.5	43.8	5.91	31.93	3.51	27.58	23.03	2.85
2000	63.9	45.4	6.13	34.25	3.69	28.15	23.67	2.74
2001	72.26	60.42	6.98	36.43	4.56	28.38	24.26	3.01
2002	77.85	67.17	7.87	39.97	5.36	29.75	25.80	3.15
2003	86.15	76.74	9.34	42.39	6.49	31.15	27.26	3.18
2004	88.85	81.53	10.34	45.67	7.39	31.66	27.72	3.21
2005	91.09	82.08	10.92	51.95	7.89	32.54	28.51	3.20
2006	86.07 (97.04)	79.11 (88.58)	11.04 (12.36)	55.67	8.30 (9.30)	35.11	30.92	2.88 (3.22)
2007	93.83	87.40	11.43	62.87	8.98	35.29	31.30	3.04
2008	94.73	89.55	12.21	70.16	9.71	37.37	33.29	3.12
2009	96.12	91.41	12.79	75.25	10.66	38.22	34.17	3.15
2010	96.68	92.04	13.21	82.31	11.18	38.62	34.47	3.02
2011	97.04	92.41	13.75	83.63	11.80	39.22	35.27	2.95
2012	97.16	93.15	14.39	87.30	12.26	39.59	35.72	2.89
2013	97.56	94.25	14.87	89.34	12.64	39.70	35.78	2.83
2014	97.64	94.57	15.34	90.18	13.08	40.22	36.29	2.79
2015	98.07	95.30	15.60	91.90	13.35	40.12	36.36	2.75
2016	98.42	95.75	15.80	93.44	13.70	40.30	36.43	2.72
2017	98.30	96.26	16.05	94.54	14.01	40.91	37.11	2.77
2018	98.36	96.70	16.70	95.49	14.11	41.11	37.34	2.88
2019	98.78	97.29	17.36	96.81	14.36	41.51	37.63	2.93
2020	98.99	97.87	18.04	97.53	14.78	42.06	38.24	3.07
2021	99.38	98.04	18.84	97.89	14.87	42.42	38.70	3.29
2022	99.39	98.06	19.28	98.11	15.29	42.96	39.29	3.43
2023	99.43	98.25	19.72	98.69	15.65	43.32	39.94	3.55

注：1. 自2006年起，人均和普及率指标按城区人口和城区暂住人口合计为分母计算，以公安部门的户籍统计和暂住人口统计为准。括号中的数据为与往年同口径数据。
2. "人均公园绿地面积"指标2005年及以前年份为"人均公共绿地面积"。

Note: 1. Since 2006, figures in terms of per capita and coverage rate have been calculated based on denominater which combines both permanent and temporary residents in urban areas. And the population should come from statistics of police. The data in brackets are same index calculated by the method of past years.
2. Since 2005, Public Green Space Per Capita is changed to Public Recreational Green Space Per Capita.

1-1-2 全国城市市政公用设施水平(2023年)

地区名称 Name of Regions	人口密度 (人/平方公里) Population Density (person/sq. km)	人均日生活用水量 (升) Daily Water Consumption Per Capita (liter)	供水普及率 (%) Water Coverage Rate (%)	公共供水普及率 (%) Public Water Coverage Rate (%)	燃气普及率 (%) Gas Coverage Rate (%)	建成区供水管道密度 (公里/平方公里) Density of Water Supply Pipelines in Built District (km/sq. km)	人均道路面积 (平方米) Road Surface Area Per Capita (sq. m)	建成区路网密度 (公里/平方公里) Road in Built District (km/sq. km)
全 国 National Total	2895	188.80	99.43	98.90	98.25	15.58	19.72	7.72
北 京 Beijing		167.26	100.00	95.20	100.00		8.87	
天 津 Tianjin	4395	128.21	100.00	100.00	99.48	17.42	16.41	6.51
河 北 Hebei	3426	112.90	100.00	99.56	99.60	10.20	20.08	8.22
山 西 Shanxi	3990	123.40	98.35	97.01	97.32	11.53	17.46	6.96
内 蒙 古 Inner Mongolia	2266	115.07	99.13	98.95	97.76	9.63	23.93	7.61
辽 宁 Liaoning	1847	171.37	97.22	95.70	97.00	13.87	19.98	7.82
吉 林 Jilin	2113	125.04	96.35	95.34	96.83	9.46	17.51	6.52
黑 龙 江 Heilongjiang	5334	131.93	99.39	98.61	93.42	14.11	16.61	7.59
上 海 Shanghai	3923	210.90	100.00	100.00	100.00	32.56	4.98	4.80
江 苏 Jiangsu	2175	213.55	100.00	99.95	99.94	20.94	25.78	9.26
浙 江 Zhejiang	2371	217.87	100.00	99.68	100.00	23.18	21.70	8.59
安 徽 Anhui	2809	198.59	98.42	98.13	99.73	14.88	24.77	8.02
福 建 Fujian	3356	235.25	99.97	99.95	99.77	20.30	23.33	8.33
江 西 Jiangxi	3430	238.38	99.50	99.29	99.36	17.28	26.87	7.76
山 东 Shandong	1746	130.92	99.92	99.28	99.66	10.23	26.48	8.21
河 南 Henan	4570	143.61	99.45	98.71	99.28	9.34	17.64	5.86
湖 北 Hubei	3429	204.52	99.95	99.65	96.06	19.18	21.20	8.74
湖 南 Hunan	4419	223.47	99.86	99.58	98.59	17.82	21.49	8.28
广 东 Guangdong	3762	247.09	99.70	99.66	98.62	20.44	14.98	7.28
广 西 Guangxi	2558	272.95	99.89	99.34	99.21	14.68	24.48	8.46
海 南 Hainan	2501	304.65	99.85	98.10	99.82	8.13	25.37	11.61
重 庆 Chongqing	2038	190.04	99.92	99.79	99.66	14.58	17.35	6.98
四 川 Sichuan	3623	211.64	99.01	98.90	97.96	16.08	19.88	8.23
贵 州 Guizhou	2105	185.21	98.10	98.08	94.80	20.29	25.77	8.69
云 南 Yunnan	3341	181.50	98.94	98.93	76.69	13.88	19.10	7.21
西 藏 Xizang	1544	285.84	100.00	100.00	86.93	10.40	21.78	5.07
陕 西 Shaanxi	5413	153.62	98.53	97.66	99.08	8.05	18.05	5.85
甘 肃 Gansu	3342	141.10	99.67	99.29	97.98	6.51	21.84	7.31
青 海 Qinghai	2944	177.10	99.53	98.80	97.02	12.86	19.78	5.84
宁 夏 Ningxia	3239	187.75	99.33	99.29	96.79	6.17	27.17	5.92
新 疆 Xinjiang	3945	169.13	99.76	99.48	98.57	8.47	23.23	6.06
新疆生产建设兵团 Xinjiang Production and Construction Corps	1515	226.97	98.70	98.70	98.28	9.34	33.84	6.77

注：本表中北京市的建成区绿化覆盖率和建成区绿地率均为该市调查面积内数据，全国城市建成区绿化覆盖率和建成区绿地率作适当修正。

National Level of National Urban Service Facilities (2023)

建成区道路面积率 (%) Road Surface Area Rate of Built District	建成区排水管道密度 (公里/平方公里) Density of Sewers in Built District (km/sq. km)	污水处理率 (%) Wastewater Treatment Rate	污水处理厂集中处理率 (%) Centralized Treatment Rate of Wastewater Treatment Plants	城市生活污水集中收集率 (%) Centralized collection rate of urban domestic sewage	人均公园绿地面积 (平方米) Public Recreational Green Space Per Capita (sq. m)	建成区绿化覆盖率 (%) Green Coverage Rate of Built District	建成区绿地率 (%) Green Space Rate of Built District	生活垃圾处理率 (%) Domestic Garbage Treatment Rate	生活垃圾无害化处理率 (%) Domestic Garbage Harmless Treatment Rate	地区名称 Name of Regions
15.57	12.67	98.69	97.31	73.63	15.65	43.32	39.94	99.98	99.98	全　　国
		98.23	96.25	88.96	16.90	49.80	47.28	100.00	100.00	北　　京
12.34	19.36	98.14	97.13	80.72	9.97	38.18	35.34	100.00	100.00	天　　津
17.31	9.62	99.27	99.27	74.40	14.69	43.69	40.26	100.00	100.00	河　　北
16.66	11.46	98.70	98.70	72.60	13.49	42.93	40.41	100.00	100.00	山　　西
17.13	11.28	99.72	98.69	78.11	19.19	42.20	39.23	100.00	100.00	内 蒙 古
14.82	7.58	98.40	97.04	64.48	14.22	41.14	39.26	99.60	99.60	辽　　宁
12.46	8.46	99.37	99.37	76.48	14.73	42.79	39.09	100.00	100.00	吉　　林
12.48	7.50	97.18	95.04	72.54	14.75	39.73	36.68	100.00	100.00	黑 龙 江
9.97	18.21	98.38	98.38	86.65	9.45	37.83	36.96	100.00	100.00	上　　海
16.41	15.59	97.60	95.09	79.19	16.22	44.03	40.62	100.00	100.00	江　　苏
16.98	14.65	98.45	98.21	81.04	15.46	43.67	39.54	100.00	100.00	浙　　江
18.90	14.11	97.68	96.73	64.89	17.09	46.06	41.76	100.00	100.00	安　　徽
16.86	9.74	98.31	95.47	71.14	15.72	44.25	40.89	100.00	100.00	福　　建
16.28	12.90	99.18	96.59	62.98	17.98	46.94	43.61	100.00	100.00	江　　西
16.83	12.07	98.64	98.51	73.63	18.47	43.90	40.44	100.00	100.00	山　　东
13.76	10.61	99.39	99.39	83.43	16.13	43.55	38.74	100.00	100.00	河　　南
17.47	13.17	98.99	94.09	59.94	15.57	43.39	40.09	100.00	100.00	湖　　北
17.56	12.92	98.77	98.73	66.47	13.85	41.96	38.41	99.98	99.98	湖　　南
13.28	17.19	100.14	99.17	76.04	18.10	44.49	41.50	99.98	99.98	广　　东
15.87	12.45	99.42	94.29	60.04	12.25	42.38	38.10	100.00	100.00	广　　西
18.36	10.45	100.19	99.71	66.53	12.71	42.07	39.75	100.00	100.00	海　　南
15.25	14.64	99.51	99.27	67.35	18.18	42.31	39.43	100.00	100.00	重　　庆
16.53	14.20	96.73	92.83	64.55	14.59	44.16	39.17	100.00	99.96	四　　川
16.14	11.32	99.03	99.03	55.47	16.63	41.92	40.07	100.00	100.00	贵　　州
14.98	13.23	99.49	97.87	68.51	13.81	43.73	40.13	100.00	100.00	云　　南
11.67	3.27	97.80	97.80	29.81	17.37	42.52	40.62	99.87	99.87	西　　藏
15.11	9.79	96.60	96.60	82.33	13.15	42.99	38.78	100.00	100.00	陕　　西
15.41	9.02	98.37	98.37	72.45	16.04	36.81	33.59	100.00	100.00	甘　　肃
15.66	16.03	96.17	96.17	63.61	12.85	36.64	33.80	99.76	99.76	青　　海
15.95	4.98	98.95	98.95	78.86	21.99	42.35	40.60	100.00	100.00	宁　　夏
12.99	6.69	100.10	98.48	87.29	15.47	41.60	38.59	100.00	100.00	新　　疆
13.38	7.48	99.91	99.91	56.24	22.95	40.50	38.53	99.89	99.89	新疆生产建设兵团

Note: All of the green coverage rate and green space rate for the built-up areas of Beijing Municipality in the table refer to the data for the areas surveyed in the city. The green coverage rate and green space rate for the nationwide urban built-up areas have been revised appropriately.

1-2-1 按行业分全国历年城市市政公用设施建设固定资产投资

计量单位：亿元

年份 Year	本年固定资产投资总额 Completed Investment of This Year	供水 Water Supply	燃气 Gas Supply	集中供热 Central Heating	轨道交通 Rail Transit System	道路桥梁 Road and Bridge	排水 Sewerage
1978	12.0	4.7				2.9	
1979	14.2	3.4	0.6		1.8	3.1	1.2
1980	14.4	6.7				7.0	
1981	19.5	4.2	1.8		2.6	4.0	2.0
1982	27.2	5.6	2.0		3.1	5.4	2.8
1983	28.2	5.2	3.2		2.8	6.5	3.3
1984	41.7	6.3	4.8		4.7	12.2	4.3
1985	64.0	8.1	8.2		6.0	18.6	5.6
1986	80.1	14.3	12.5	1.6	5.6	20.5	6.0
1987	90.3	17.2	10.9	2.1	5.5	27.1	8.8
1988	113.2	23.1	11.2	2.8	6.0	35.6	10.0
1989	107.0	22.2	12.3	3.3	7.7	30.1	9.7
1990	121.2	24.8	19.4	4.5	9.1	31.3	9.6
1991	170.9	30.2	24.8	6.4	9.8	51.8	16.1
1992	283.2	47.7	25.9	11.0	14.9	90.6	20.9
1993	521.8	69.9	34.8	10.7	22.1	191.8	37.0
1994	666.0	90.3	32.5	13.4	25.1	279.8	38.3
1995	807.6	112.4	32.9	13.8	30.9	291.6	48.0
1996	948.6	126.1	48.3	15.7	38.8	354.2	66.8
1997	1142.7	128.3	76.0	25.1	43.2	432.4	90.1
1998	1477.6	161.0	82.0	37.3	86.1	616.2	154.5
1999	1590.8	146.7	72.1	53.6	103.1	660.1	142.0
2000	1890.7	142.4	70.9	67.8	155.7	737.7	149.3
2001	2351.9	169.4	75.5	82.0	194.9	856.4	224.5
2002	3123.2	170.9	88.4	121.4	293.8	1182.2	275.0
2003	4462.4	181.8	133.5	145.8	281.9	2041.4	375.2
2004	4762.2	225.1	148.3	173.4	328.5	2128.7	352.3
2005	5602.2	225.6	142.4	220.2	476.7	2543.2	368.0
2006	5765.1	205.1	155.0	223.6	604.0	2999.9	331.5
2007	6418.9	233.0	160.1	230.0	852.4	2989.0	410.0
2008	7368.2	295.4	163.5	269.7	1037.2	3584.1	496.0
2009	10641.5	368.8	182.2	368.7	1737.6	4950.6	729.8
2010	13363.9	426.8	290.8	433.2	1812.6	6695.7	901.6
2011	13934.2	431.8	331.4	437.6	1937.1	7079.1	770.1
2012	15296.4	410.4	414.5	630.3	2064.5	7402.5	704.5
2013	16350.0	524.7	425.6	596.0	2455.1	8355.6	778.9
2014	16245.0	475.3	416.0	575.4	3221.2	7643.9	900.0
2015	16204.4	619.9	350.5	516.8	3707.1	7414.0	982.7
2016	17460.0	545.8	408.9	481.9	4079.5	7564.3	1222.5
2017	19327.6	580.1	445.7	584.2	5045.2	6996.7	1343.6
2018	20123.2	543.0	295.1	420.0	6046.9	6922.4	1529.9
2019	20126.3	560.1	242.7	333.0	5855.6	7655.3	1562.4
2020	22283.9	749.4	238.6	393.8	6420.8	7814.3	2114.8
2021	23371.7	770.6	229.6	397.3	6339.0	8644.5	2078.8
2022	22309.9	713.3	286.0	339.8	6038.6	8707.9	1905.1
2023	20331.3	756.2	313.1	516.1	5448.1	7441.9	1964.4

注：1. 2008年及以前年份，"轨道交通"投资为"公共交通"，2009年以后仅包含轨道交通建设投资。
    2. 自2013年开始，全国城市市政公用设施建设固定资产投资中不再包括城市防洪固定资产投资。

National Fixed Assets Investment in Urban Service Facilities by Industry in Past Years

Measurement Unit: 100 million RMB

Wastewater Treatment and reused	Flood Control	Landscaping	Environmental Sanitation	Garbage Treatment	Utility Tunnel	Other	Year
						4.4	1978
	0.1	0.4	0.1			3.4	1979
						0.7	1980
	0.2	0.9	0.7			3.2	1981
	0.3	1.1	0.9			5.9	1982
	0.4	1.2	0.9			4.7	1983
	0.5	2.0	0.9			5.9	1984
	0.9	3.3	2.0			11.3	1985
	1.6	3.4	2.8			11.9	1986
	1.4	3.4	2.1			11.9	1987
	1.6	3.4	2.6			16.9	1988
	1.2	2.8	2.8			14.8	1989
	1.3	2.9	2.9			15.4	1990
	2.1	4.9	3.6			21.3	1991
	2.9	7.2	6.5			55.6	1992
	5.9	13.2	10.6			125.8	1993
	8.0	18.2	10.9			149.7	1994
	9.5	22.5	13.6			232.5	1995
	9.1	27.5	12.5			249.7	1996
	15.5	45.1	20.9			266.1	1997
	35.8	78.4	36.7			189.6	1998
	43.0	107.1	37.1			226.0	1999
	41.9	143.2	84.3			297.5	2000
116.4	70.5	163.2	50.6	23.5		466.6	2001
144.1	135.1	239.5	64.8	29.7		551.0	2002
198.8	124.5	321.9	96.0	35.3		760.4	2003
174.5	100.3	359.5	107.8	53.0		838.4	2004
191.4	120.0	411.3	147.8	56.7		947.0	2005
151.7	87.1	429.0	175.8	51.8		554.3	2006
212.2	141.4	525.6	141.8	53.0		735.6	2007
264.7	119.6	649.8	222.0	50.6		530.8	2008
418.6	148.6	914.9	316.5	84.6		923.9	2009
521.4	194.4	1355.1	301.6	127.4		952.2	2010
420.5	243.8	1546.2	384.1	199.2		773.1	2011
279.4	249.2	1798.7	296.5	110.9		1325.5	2012
353.7		1647.4	408.4	125.9		1158.0	2013
404.2		1817.6	494.8	130.6		700.9	2014
512.6		1594.7	398.0	157.0		620.7	2015
489.9		1670.1	445.2	118.1	294.7	747.0	2016
450.8		1759.6	508.1	240.8	673.4	1391.0	2017
802.6		1854.7	470.5	298.5	619.2	1421.4	2018
803.7		1844.8	557.4	406.8	558.1	956.9	2019
1043.4		1626.3	862.6	705.8	453.6	1609.6	2020
893.8		1638.6	727.1	535.9	538.9	2007.3	2021
708.2		1347.6	485.0	304.1	307.6	2179.0	2022
758.1		1015.5	345.4	210.6	348.5	2182.0	2023

Notes: 1. For the year 2008 and before, there was data about investment in public transport. Starting from 2009, the data has only included investment in rail transport construction.
2. Starting from 2013, the national fixed assets investment in the construction of municipal public utilities facilities has not included the fixed assets investment in urban flood prevention.

1-2-2 按行业分全国城市市政公用设施建设固定资产投资(2023年)

计量单位:万元

地区名称 Name of Regions	本年完成投资 Completed Investment of This Year	供水 Water Supply	燃气 Gas Supply	集中供热 Central Heating	轨道交通 Urban Rail Trainsit System	道路桥梁 Road and Bridge	地下综合管廊 Utility Tunnel
全 国 National Total	203312840	7561508	3131262	5161457	54481188	74419051	3485450
北 京 Beijing	13251346	317019	157952	328336	3623834	3280833	40430
天 津 Tianjin	3487699	70123	20151	11702	2546048	251733	350
河 北 Hebei	7360851	309992	124126	638926	371402	3994258	420136
山 西 Shanxi	2369304	51863	19581	186583	479000	902767	76094
内 蒙 古 Inner Mongolia	2934837	140001	27081	1330914	59	758720	1500
辽 宁 Liaoning	3298963	127295	124180	122590	1495822	948946	102988
吉 林 Jilin	3695196	184028	53175	112768	1843020	733720	35859
黑 龙 江 Heilongjiang	1443033	163542	37509	78381	252954	374196	867
上 海 Shanghai	4862953	168864	87406		1752100	1326990	106005
江 苏 Jiangsu	16355769	488462	284055	23507	6254853	6078316	233649
浙 江 Zhejiang	14896247	391573	142926		3757168	6504322	237132
安 徽 Anhui	10776692	753339	221131	23482	1664012	4921190	135460
福 建 Fujian	5212844	296106	55346		2322527	1309834	126273
江 西 Jiangxi	6385623	128428	62548		517385	3449511	153544
山 东 Shandong	17104580	447934	117697	1093060	5074268	5446143	291566
河 南 Henan	6434527	152263	49467	402883	1760816	2040686	15179
湖 北 Hubei	15877489	504115	249774	78429	2747828	6381935	222958
湖 南 Hunan	6197862	196043	89975	12000	1447575	2296104	138672
广 东 Guangdong	15330059	1073581	315069		5510267	4997827	500420
广 西 Guangxi	2326487	268205	45025		127721	1420033	7686
海 南 Hainan	1077670	106502	5463		847	668682	4207
重 庆 Chongqing	11723514	90423	93611	6495	3085080	5865425	19875
四 川 Sichuan	14765178	326440	405727	2300	3862912	6314359	213433
贵 州 Guizhou	2878806	96024	34530	4357	906600	460654	2752
云 南 Yunnan	1592202	50001	41669		3500	328065	91693
西 藏 Xizang	108989	18343		267		28796	22590
陕 西 Shaanxi	7157717	314453	121105	201621	2834430	2023939	187053
甘 肃 Gansu	2070724	91744	58068	306353	127831	568491	30669
青 海 Qinghai	229102	7353	25048	21736		81760	16710
宁 夏 Ningxia	368370	79993	25139	26492		89128	
新 疆 Xinjiang	1544207	140074	32133	88004	111329	535816	49700
新疆生产建设兵团 Xinjiang Production and Construction Corps	194000	7382	4595	60271		35872	

National Fixed Assets Investment in Urban Service Facilities by Industry (2023)

Measurement Unit: 10000RMB

排 水 Sewerage	污水处理 Wastewater Treatment	污泥处置 Sludge Disposal	再生水利用 Wastewater Recycled and Reused	园林绿化 Landscaping	市容环境卫生 Environmental Sanitation	垃圾处理 Domestic Garbage Treatment	其他 Other	本年新增固定资产 Newly Added Fixed Assets of This Year	地区名称 Name of Regions
19643986	7234714	245952	346253	10155112	3453554	2106343	21820272	88113539	全 国
591053	100134	2466	8701	495723	217967	4812	4198199	3777173	北 京
203075	151405		5286	48412	11055	10766	325050	606552	天 津
529557	137462	10651	19670	602708	77725	43882	292021	3349663	河 北
166705	67426		15287	73644	106087	103682	306980	514331	山 西
166762	67900	15152	33332	175502	63528	14154	270770	391671	内 蒙 古
162511	22038	47368		90493	47478	32635	76660	240366	辽 宁
113068	47755		4989	34623	6943	6355	577992	1327946	吉 林
250867	69403	1900		47774	92818	91792	144125	256958	黑 龙 江
682194	368161			443936	100322	86043	195136	1817617	上 海
1506114	815903	3243	2400	884022	265120	138436	337671	6779532	江 苏
731527	389496	2372	3384	1308000	122834	54029	1700765	7970845	浙 江
1290351	369974	580	15891	475524	452789	98448	839414	2539093	安 徽
365209	212971	500		296038	89611	80527	351900	1021116	福 建
1153962	367091	22551		235973	97074	29236	587198	3611881	江 西
2680066	439997	4460	18918	992334	98191	66068	863321	4860130	山 东
853898	466492	14550	21914	938679	108062	93537	112594	6416304	河 南
1539101	365372	12108	45252	431733	201850	182283	3519766	3234213	湖 北
309310	116898	31	12000	66738	106973	96105	1534472	1034253	湖 南
1744699	996066	13121	2226	332748	183494	157769	671954	7652349	广 东
295224	119047	8659	1753	59376	77086	62203	26131	1039967	广 西
114687	47105	2883	36208	57631	5327	750	114324	117950	海 南
555767	143150	10772		501742	37916	23645	1467180	11986680	重 庆
1833471	563525	47607	320	973735	568088	356252	264713	12593331	四 川
137287	75997	3000		8401	36773	24454	1191428	279460	贵 州
497977	220733	7000	400	67439	78489	69595	433369	920845	云 南
19340	3018				2904	2904	16749	93066	西 藏
462938	189104	8384	4221	393496	82219	66887	536463	1345715	陕 西
353177	157838	4500	19141	44980	38581	37113	450830	1337300	甘 肃
34663	8450			8597	1255	304	31980	88799	青 海
84150	6239	2094	16917	20392	14664	14335	28412	170548	宁 夏
213476	128564		58043	32690	54721	51732	286264	594291	新 疆
1800				12029	5610	5610	66441	143594	新疆生产建设兵团

1-3-1 按资金来源分全国历年城市市政公用设施建设固定资产投资

计量单位：亿元

年份 Year	本年资金来源合计 Completed Investment of This Year	上年末结余资金 The Balance of The Previous Year	本年资金来源		
			小 计 Subtotal	中央财政拨款 Financial Allocation From Central Government Budget	地方财政拨款 Financial Allocation From Local Government Budget
1978	12.0		6.4	6.4	
1979	14.0				
1980	14.4		14.4	6.1	
1981	20.0		20.0	5.3	
1982	27.2		27.2	8.6	
1983	28.2		28.2	8.2	
1984	41.7		41.7	11.8	
1985	63.8		63.8	13.9	
1986	79.8		79.8	13.2	
1987	90.0		90.0	13.4	
1988	112.6		112.6	10.2	
1989	106.8		106.8	9.7	
1990	121.2		121.2	7.4	
1991	169.9		169.9	8.6	
1992	265.4		265.4	9.9	
1993	521.6		521.6	15.9	
1994	665.5		665.5	27.9	
1995	837.0		807.5	24.2	
1996	939.1	68.0	871.1	34.8	
1997	1105.6	49.0	1056.6	43.0	
1998	1404.4	58.0	1346.4	100.2	
1999	1534.2	81.0	1453.2	173.8	
2000	1849.5	109.0	1740.5	222.0	
2001	2351.9	109.0	2112.8	104.9	379.1
2002	3123.2	111.0	2705.9	96.3	516.9
2003	4264.1	120.7	4143.4	118.9	733.4
2004	4650.9	267.9	4383.0	63.0	938.4
2005	5505.5	229.0	5276.6	63.9	1050.6
2006	5800.6	365.4	5435.2	89.2	1339.0
2007	6283.5	369.5	5914.0	77.3	1925.7
2008	7277.4	386.9	6890.4	72.7	2143.9
2009	10938.1	460.4	10477.6	112.9	2705.1
2010	13351.7	659.3	12692.4	206.0	3523.6
2011	14158.1	648.9	13509.1	166.3	4555.6
2012	15264.2	595.4	14668.9	171.1	4446.6
2013	16121.9	987.5	15134.3	147.5	3573.2
2014	16054.0	954.0	15100.0	102.2	4135.2
2015	16570.7	1295.0	15275.8	202.1	4406.4
2016	17319.2	942.7	16376.5	119.4	5183.7
2017	19704.7	1459.6	18245.1	290.4	5465.7
2018	19084.8	1245.5	17839.3	255.2	4552.3
2019	20438.8	1568.1	18870.7	412.6	5456.9
2020	23265.7	2228.6	21037.1	568.6	5922.0
2021	25778.0	3656.4	22121.6	661.6	6122.8
2022	22062.3	1932.1	20130.2	301.5	5853.3
2023	19750.2	1575.7	18174.5	334.1	5073.9

注：自2013年起，"本年资金来源合计"为"本年实际到位资金合计"。

National Fixed Assets Investment in Urban Service Facilities by Capital Source in Past Years

Measurement Unit: 100 million RMB

| Sources of Fund | | | | | 年 份 |
国内贷款 Domestic Loan	债 券 Securities	利用外资 Foreign Investment	自筹资金 Self-Raised Funds	其他资金 Other Funds	Year
					1978
					1979
0.1			8.2		1980
0.4			13.8	0.5	1981
1.0			16.5	1.1	1982
0.6			17.2	2.2	1983
2.1			25.5	2.3	1984
3.1		0.1	40.9	5.8	1985
3.1		0.1	57.4	6.0	1986
6.2		1.3	61.4	7.7	1987
7.1		1.6	78.0	15.7	1988
6.0		1.5	72.9	16.7	1989
11.0		2.2	82.2	18.4	1990
25.3		6.0	108.1	21.9	1991
42.9		10.3	180.4	38.9	1992
72.8		20.8	304.5	107.6	1993
58.3		64.2	397.1	118.0	1994
65.1		84.9	493.3	140.0	1995
122.2	4.9	105.6	486.1	117.5	1996
165.3	3.1	129.5	554.3	161.4	1997
284.8	40.3	110.1	600.4	210.6	1998
357.8	55.9	68.6	595.2	201.9	1999
428.6	29.0	76.7	682.7	301.5	2000
603.4	16.8	97.8	636.4	274.5	2001
743.8	7.3	109.6	866.3	365.7	2002
1435.4	17.4	90.0	1350.2	398.0	2003
1468.0	8.5	87.2	1372.9	445.0	2004
1805.9	5.2	170.0	1728.0	453.0	2005
1880.5	16.4	92.9	1638.1	379.2	2006
1763.7	29.5	73.1	1635.7	409.0	2007
2037.0	27.8	91.2	1980.1	537.6	2008
4034.8	120.8	66.1	2487.1	950.7	2009
4615.6	49.1	113.8	3058.9	1125.3	2010
3992.8	111.6	100.3	3478.6	1103.9	2011
4366.7	26.8	150.8	3740.5	1766.4	2012
4218.0	41.5	62.2	4714.1	2377.7	2013
4383.1	96.0	42.0	4294.7	2046.7	2014
3986.3	189.1	46.6	4258.0	2187.3	2015
4338.7	133.4	34.6	3963.6	2603.0	2016
4987.5	163.2	28.7	4997.8	2311.7	2017
4509.0	117.2	46.9	5105.2	3253.5	2018
5039.3	392.2	49.9	4707.3	2812.5	2019
3932.6	1864.0	67.5	5343.3	3339.1	2020
3566.2	1428.1	39.0	5789.1	4514.8	2021
2855.5	1723.4	35.6	5321.8	4039.2	2022
3065.6	1511.2	33.4	4999.8	3156.5	2023

Note: Since 2013, Completed Investment of This Year is changed to be The Total Funds Actually Available for The Reported Year.

1–3–2 按资金来源分全国城市市政公用设施建设固定资产投资(2023年)

计量单位：万元

地区名称 Name of Regions	本年实际到位资金合计 The Total Funds Actually Available for The Reported Year	上年末结余资金 The Balance of The Previous Year	本年资金来源			
			小计 Subtotal	国家预算资金 State Budgetary Fund	中央预算资金 Central Budgetary Fund	国内贷款 Domestic Loan
全　　国 National Total	197501710	15756679	181745031	54080470	3341226	30655962
北　京 Beijing	11954739	1610944	10343795	4351289	513032	972942
天　津 Tianjin	2676486	428083	2248403	494803	3806	1010749
河　北 Hebei	6980014	1127757	5852257	2462468	99332	442710
山　西 Shanxi	1883020	31074	1851946	314224	41284	69056
内 蒙 古 Inner Mongolia	2708679	200378	2508301	780822	100826	390191
辽　宁 Liaoning	1462479	102163	1360316	266466	106009	263879
吉　林 Jilin	3523339	324149	3199190	562040	97255	1084139
黑 龙 江 Heilongjiang	1304214	151053	1153161	546783	101510	196820
上　海 Shanghai	4496922	145181	4351741	2392873	2000	11867
江　苏 Jiangsu	16892901	1232155	15660746	5119574	87928	2361618
浙　江 Zhejiang	17270254	1729508	15540746	3908277	9126	3342277
安　徽 Anhui	10710518	507559	10202959	3972496	108752	954065
福　建 Fujian	4917849	245667	4672182	2491615	82881	354794
江　西 Jiangxi	6545174	439619	6105555	2144106	21474	324248
山　东 Shandong	14586771	728240	13858531	2208084	63901	4882227
河　南 Henan	6262197	355207	5906990	1508351	303630	1817966
湖　北 Hubei	14019812	716201	13303611	3023231	258160	710829
湖　南 Hunan	6001031	155984	5845047	377777	13238	77715
广　东 Guangdong	15149033	672321	14476712	5848587	57365	3223305
广　西 Guangxi	1947238	85542	1861696	622605	38814	308129
海　南 Hainan	1268683	24872	1243811	658951	19900	28972
重　庆 Chongqing	11125215	733949	10391266	3780971	60252	2568200
四　川 Sichuan	14768519	1231883	13536636	3440110	570021	2405567
贵　州 Guizhou	2432878	341841	2091037	112805	17808	53000
云　南 Yunnan	1628033	70738	1557295	287994	84259	55920
西　藏 Xizang	188749	86856	101893	10986	9902	
陕　西 Shaanxi	9704855	1580223	8124632	1493003	83179	2231125
甘　肃 Gansu	2836836	493290	2343546	263145	197556	215412
青　海 Qinghai	270202	37902	232300	168885	33079	
宁　夏 Ningxia	353222	17632	335590	112975	54980	97762
新　疆 Xinjiang	1420872	139042	1281830	236055	81813	200478
新疆生产建设兵团 Xinjiang Production and Construction Corps	210976	9666	201310	118119	18154	

National Fixed Assets Investment in Urban Service Facilities by Capital Source (2023)

Measurement Unit: 10000 RMB

Securities	Foreign Investment	Self-Raised Funds	Other Funds	Sum Payable This Year	Name of Regions
15112177	333835	49997538	31565049	29812263	全　　国
		2891133	2128431	1516378	北　　京
116982		425842	200027	871940	天　　津
1492966	8437	1184767	260909	1725974	河　　北
109080		465595	893991	510117	山　　西
107746	56708	748608	424226	768993	内　蒙　古
219664	22850	398054	189403	1844385	辽　　宁
1221831		248231	82949	315607	吉　　林
182345		160829	66384	327984	黑　龙　江
		1947001		623360	上　　海
273289	570	6099482	1806213	2314305	江　　苏
700696	89531	6364336	1135629	1020207	浙　　江
1015842	3945	2298330	1958281	827443	安　　徽
288489	680	777983	758621	365133	福　　建
285068	22627	2039556	1289950	1618656	江　　西
1183877	37450	3908835	1638058	4124239	山　　东
267378	6217	1809661	497417	737892	河　　南
585907	4000	5231225	3748419	1045185	湖　　北
508503	947	3004973	1875132	698060	湖　　南
1563304	1274	2585658	1254584	1283226	广　　东
55609	19673	590898	264782	689347	广　　西
479154		66085	10649	230807	海　　南
1448778		1503822	1089495	1216293	重　　庆
1419542	24200	1142605	5104612	1949641	四　　川
17152	19500	642828	1245752	717996	贵　　州
272353		216788	724240	545226	云　　南
39608		51299		1500	西　　藏
182281	540	2712341	1505342	817628	陕　　西
370635	9705	257888	1226761	805886	甘　　肃
24522		17116	21777	4011	青　　海
37287	3621	51807	32138	53557	宁　　夏
591775	1360	146969	105193	232809	新　　疆
50514		6993	25684	8478	新疆生产建设兵团

二、居民生活数据
Data by Residents Living

1-4-1 全国历年城市供水情况

年 份 Year	综合生产能力（万立方米/日）Integrated Production Capacity (10000 cu. m/day)	供水管道长度（公里）Length of Water Supply Pipelines (km)	供水总量（万立方米）Total Quantity of Water Supply (10000 cu. m)	生活用量 Residential Use
1978	2530.4	35984	787507	275854
1979	2714.0	39406	832201	309206
1980	2979.0	42859	883427	339130
1981	3258.0	46966	969943	367823
1982	3424.9	51513	1011319	391422
1983	3539.0	56852	1065956	421968
1984	3960.9	62892	1176474	465651
1985	4019.7	67350	1280238	519493
1986	10407.9	72557	2773921	706971
1987	11363.6	77864	2984697	759702
1988	12715.8	86231	3385847	873800
1989	12821.1	92281	3936648	930619
1990	14220.3	97183	3823425	1001021
1991	14584.0	102299	4085073	1159929
1992	16036.4	111780	4298437	1172919
1993	16927.9	123007	4502341	1282543
1994	18215.1	131052	4894620	1422453
1995	19250.4	138701	4815653	1581451
1996	19990.0	202613	4660652	1670673
1997	20565.8	215587	4767788	1757157
1998	20991.8	225361	4704732	1810355
1999	21551.9	238001	4675076	1896225
2000	21842.0	254561	4689838	1999960
2001	22900.0	289338	4661194	2036492
2002	23546.0	312605	4664574	2131919
2003	23967.1	333289	4752548	2246665
2004	24753.0	358410	4902755	2334625
2005	24719.8	379332	5020601	2437374
2006	26965.6	430426	5405246	2220459
2007	25708.4	447229	5019488	2263676
2008	26604.1	480084	5000762	2274266
2009	27046.8	510399	4967467	2334082
2010	27601.5	539778	5078745	2371488
2011	26668.7	573774	5134222	2476520
2012	27177.3	591872	5230326	2572473
2013	28373.4	646413	5373022	2676463
2014	28673.3	676727	5466613	2756911
2015	29678.3	710206	5604728	2872695
2016	30320.7	756623	5806911	3031376
2017	30475.0	797355	5937591	3153968
2018	31211.8	865017	6146244	3300567
2019	30897.8	920082	6283010	3401160
2020	32072.7	1006910	6295420	3484644
2021	31737.7	1059901	6733442	3753783
2022	31510.4	1102976	6744063	3785485
2023	33621.0	1153126	6875588	3893837

注：1. 1978年至1985年综合供水生产能力为系统内数；1978年至1995年供水管道长度为系统内数。
    2. 自2006年起，供水普及率指标按城区人口和城区暂住人口合计为分母计算，括号中的数据为往年同口径数据。

National Urban Water Supply in Past Years

用水人口 （万人） Population with Access to Water Supply (10000 persons)	人均日生活用水量 （升） Daily Water Consumption Per Capita (liter)	供水普及率 （%） Water Coverage Rate (%)	年份 Year
6267.1	120.6	81.6	1978
6951.0	121.8	82.3	1979
7278.0	127.6	81.4	1980
7729.3	130.4	53.7	1981
8102.2	132.4	56.7	1982
8370.9	138.1	52.5	1983
8900.7	143.3	49.5	1984
9424.3	151.0	45.1	1985
11757.9	161.9	51.3	1986
12684.6	164.1	50.4	1987
14049.9	170.4	47.6	1988
14786.3	172.4	47.4	1989
15611.1	175.7	48.0	1990
16213.2	196.0	54.8	1991
17280.8	186.0	56.2	1992
18636.4	188.6	55.2	1993
20083.0	194.0	56.0	1994
22165.7	195.4	58.7	1995
21997.0	208.1	60.7	1996
22550.1	213.5	61.2	1997
23169.1	214.1	61.9	1998
23885.7	217.5	63.5	1999
24809.2	220.2	63.9	2000
25832.8	216.0	72.26	2001
27419.9	213.0	77.85	2002
29124.5	210.9	86.15	2003
30339.7	210.8	88.85	2004
32723.4	204.1	91.09	2005
32304.1	188.3	86.67(97.04)	2006
34766.5	178.4	93.83	2007
35086.7	178.2	94.73	2008
36214.2	176.6	96.12	2009
38156.7	171.4	96.68	2010
39691.3	170.9	97.04	2011
41026.5	171.8	97.16	2012
42261.4	173.5	97.56	2013
43476.3	173.7	97.64	2014
45112.6	174.5	98.07	2015
46958.4	176.9	98.42	2016
48303.5	178.9	98.30	2017
50310.6	179.7	98.36	2019
51778.0	180.0	98.78	2019
53217.4	179.4	98.99	2020
55580.9	185.0	99.38	2021
56141.8	184.7	99.39	2022
56504.7	188.8	99.43	2023

Notes: 1. Integrated production capacity from 1978 to 1985 is limited to the statistical figure in building sector; Length of water supply pipelines from 1978 to 1995 is limited to the statistical figure in building sector.
2. Since 2006, water coverage rate has been calculated based on denominator which combines both permanent and temporary residents in urban areas, and the data in brackets are the same index but calculated by the method of past years.

1-4-2 城市供水(2023年)

地区名称 Name of Regions	综合生产能力 (万立方米/日) Integrated Production Capacity (10000 cu. m/day)	地下水 Underground Water	供水管道长度 (公里) Length of Water Supply Pipelines (km)	建成区 in Built District	供水总量 (万立方米) Total Quantity of Water Supply (10000cu. m)	生产运营用水 The Quantity of Water for Production and Operation
全 国 National Total	33620.99	3446.88	1153125.52	1016288.70	6875588.29	1700797.99
北 京 Beijing	743.98	250.08	19927.85	12116.50	153615.78	11832.06
天 津 Tianjin	519.10	15.00	23164.37	22374.96	106554.45	37069.64
河 北 Hebei	865.78	284.00	25820.95	24876.24	163082.51	40251.99
山 西 Shanxi	399.73	200.80	16902.32	14974.81	94639.47	24706.89
内 蒙 古 Inner Mongolia	418.94	238.38	13308.61	12248.55	81537.64	22841.99
辽 宁 Liaoning	1375.02	271.57	42438.65	39221.93	275322.82	68386.19
吉 林 Jilin	685.54	94.12	15123.94	14788.24	107712.56	24175.32
黑 龙 江 Heilongjiang	619.98	199.69	25604.29	25152.81	128254.85	31536.89
上 海 Shanghai	1248.50		40437.38	40437.38	295507.33	42285.85
江 苏 Jiangsu	4486.93	62.88	140883.85	104691.38	649799.25	225898.54
浙 江 Zhejiang	2215.35	0.43	112217.87	81491.17	476939.75	163271.90
安 徽 Anhui	1283.01	91.75	38959.95	37556.46	273391.02	86622.15
福 建 Fujian	975.24	13.31	39813.74	38797.64	203368.41	36254.19
江 西 Jiangxi	738.11	1.72	33891.54	31659.93	167276.66	33891.07
山 东 Shandong	1975.95	487.05	62694.58	58827.30	405819.62	150327.48
河 南 Henan	1342.93	290.80	33658.55	32178.76	245462.75	50511.58
湖 北 Hubei	1687.26	7.13	58223.85	56249.64	341788.40	91518.77
湖 南 Hunan	1074.72	29.65	44508.50	38238.95	250835.46	47033.67
广 东 Guangdong	4378.17	6.07	153177.91	135647.67	1017935.76	242135.49
广 西 Guangxi	791.28	22.61	27997.78	27042.02	204923.63	38206.09
海 南 Hainan	207.74	17.99	7956.84	3473.70	53655.76	3645.33
重 庆 Chongqing	852.51	1.80	28232.21	25705.58	188005.57	41784.84
四 川 Sichuan	1446.99	80.81	57361.04	54623.46	360567.08	51798.16
贵 州 Guizhou	488.81	18.51	27076.63	24673.12	98484.52	19231.09
云 南 Yunnan	601.59	23.04	19497.52	17944.98	118814.61	22944.58
西 藏 Xizang	69.77	24.97	1783.85	1759.95	20044.72	1220.40
陕 西 Shaanxi	634.36	188.80	13121.39	12562.81	137471.26	35355.32
甘 肃 Gansu	418.88	65.06	7296.23	6336.46	60389.87	14589.21
青 海 Qinghai	127.41	110.37	3556.61	3221.22	30473.74	10877.02
宁 夏 Ningxia	270.06	81.26	3440.49	3004.88	39908.90	8214.02
新 疆 Xinjiang	597.15	260.41	12601.48	12136.65	103485.47	16091.69
新疆生产建设兵团 Xinjiang Production and Construction Corps	80.20	6.82	2444.75	2273.55	20518.67	6288.58

Urban Water Supply (2023)

The Quantity of Water for Public Service	The Quantity of Water for Household Use	The Quantity of Other Purposes	用水户数（户）Number of Households with Access to Water Supply (unit)	家庭用户 Household User	用水人口（万人）Population with Access to Water Supply (10000 persons)	地区名称 Name of Regions
1048662.80	2833871.17	302125.29	230042132	208419021	56504.65	全　　国
50281.34	66891.42	2978.18	7344473	7129413	1919.80	北　　京
14611.23	39954.79	5.64	5380897	5164982	1166.04	天　　津
22323.79	68560.26	9253.03	7411565	6809879	2212.05	河　　北
10713.87	47984.25	2162.69	3610709	2865134	1303.42	山　　西
11492.91	28995.76	4780.10	5138833	4557201	964.34	内　蒙　古
40210.81	97767.04	9427.21	14030728	12919853	2242.31	辽　　宁
17525.06	36772.14	3171.94	6710497	6125374	1191.11	吉　　林
20002.34	46147.93	7821.89	7968939	7193629	1376.59	黑　龙　江
76267.10	115210.90	9951.18	9785190	9245944	2487.45	上　　海
75276.05	214308.45	51117.29	20772122	18754324	3738.28	江　　苏
73666.72	179789.76	10220.86	13273042	11982213	3189.45	浙　　江
39466.14	103223.87	10189.80	9771670	8899086	1969.89	安　　徽
38438.05	87641.15	12352.90	6052816	5345535	1468.69	福　　建
25089.10	75142.94	5446.95	6788037	6266245	1156.45	江　　西
52135.62	146865.23	13276.15	14089423	13280117	4174.42	山　　东
35640.77	115390.09	13482.79	9327686	8377033	2887.11	河　　南
27662.88	153918.81	8392.50	9317056	8747869	2440.35	湖　　北
35280.54	114432.44	12426.02	7431355	6682639	1860.83	湖　　南
182729.84	423367.31	32101.15	20250218	17329907	6725.16	广　　东
31937.21	102403.76	2191.32	3728215	3298361	1349.60	广　　西
7189.39	30015.32	6091.75	413089	363967	334.67	海　　南
27185.49	82632.16	8672.01	8240820	7475940	1588.26	重　　庆
52205.84	180520.27	18234.76	13115678	11553140	3022.29	四　　川
7298.05	53679.19	2143.65	3918575	3451166	902.82	贵　　州
19070.17	52373.96	3205.59	4520071	3967999	1083.23	云　　南
2164.00	7840.99	3305.53	257724	207241	97.68	西　　藏
8569.23	72310.33	5104.01	4780346	4499705	1442.84	陕　　西
9714.46	26503.22	4593.42	1553564	1450200	705.37	甘　　肃
4267.20	9487.92	2366.57	302685	277607	215.82	青　　海
10608.72	10468.15	3896.94	1377252	1217286	307.57	宁　　夏
15409.47	38099.85	21283.14	2919432	2556477	867.16	新　　疆
4229.41	5171.51	2478.33	459425	423555	113.60	新疆生产建设兵团

1-4-3 城市供水(公共供水)(2023年)

地区名称 Name of Regions	综合生产能力（万立方米/日） Integrated Production Capacity (10000 cu. m/day)	地下水 Underground Water	水厂个数（个） Number of Water Plants (unit)	地下水 Underground Water	供水管道长度（公里） Length of Water Supply Pipelines (km)	供水总量（万立方米）合计 Total	售水量 小计 Subtotal	生产运营用水 The Quantity of Water for Production and Operation
全 国 National Total	29784.26	2515.39	3002	767	1134976.67	6506053.67	5515922.63	1392544.73
北 京 Beijing	709.42	215.52	68	44	19297.70	149449.71	127816.93	11257.03
天 津 Tianjin	488.50	15.00	32	7	23107.95	103660.44	88747.29	34175.63
河 北 Hebei	787.69	221.83	144	74	23964.29	152960.85	130267.41	31805.17
山 西 Shanxi	373.26	174.33	79	59	16321.29	90470.10	81398.33	22530.32
内 蒙 古 Inner Mongolia	354.27	189.77	84	77	13121.71	69470.83	56043.95	14388.76
辽 宁 Liaoning	1185.30	196.81	156	61	41052.33	247874.29	188342.72	48996.49
吉 林 Jilin	392.19	38.84	71	18	14701.11	90139.66	64071.56	9045.38
黑 龙 江 Heilongjiang	553.89	147.91	92	53	24872.93	115417.01	92671.21	21869.33
上 海 Shanghai	1248.50		40		40437.38	295507.33	243715.03	42285.85
江 苏 Jiangsu	3069.40	33.00	118	5	139938.40	586020.78	502821.86	162820.22
浙 江 Zhejiang	2115.60		122		111373.38	460908.33	410917.82	147916.97
安 徽 Anhui	1055.72	67.22	83	11	37581.80	237059.80	203170.74	54668.54
福 建 Fujian	958.37	10.90	91	11	39721.98	198913.82	170231.70	32070.76
江 西 Jiangxi	724.50	0.50	78		33633.61	165509.26	137802.66	32750.50
山 东 Shandong	1777.71	368.18	297	108	61166.81	362142.11	318926.97	111760.77
河 南 Henan	1171.39	160.05	142	58	32574.26	220706.55	190269.03	34253.45
湖 北 Hubei	1497.13		118		57282.22	315500.15	255204.71	67727.65
湖 南 Hunan	1055.40	14.50	95	10	42760.25	248529.63	206866.84	45851.63
广 东 Guangdong	4168.89	2.00	247	3	152910.30	1014009.11	876407.14	238269.24
广 西 Guangxi	733.45	15.40	81	4	26794.24	191075.77	160890.52	25294.86
海 南 Hainan	204.00	14.25	19		7756.24	52806.98	46093.01	3428.62
重 庆 Chongqing	792.57		102		28184.51	185027.41	157296.34	39094.52
四 川 Sichuan	1357.11	28.35	180	13	57125.92	355124.66	297316.61	48008.36
贵 州 Guizhou	488.48	18.40	83	5	27072.83	98442.01	82309.47	19227.00
云 南 Yunnan	526.11	12.10	118	9	19429.20	111248.35	90028.04	16645.66
西 藏 Xizang	65.79	20.99	18	11	1783.85	19969.72	14455.92	1145.40
陕 西 Shaanxi	572.88	131.73	86	42	12704.45	129302.47	113170.10	30319.81
甘 肃 Gansu	398.80	64.99	44	19	7126.46	60017.97	55028.41	14532.05
青 海 Qinghai	80.66	63.66	13	9	3260.51	21150.10	17675.07	1751.56
宁 夏 Ningxia	227.28	49.28	25	16	3058.49	36688.38	29967.31	7072.40
新 疆 Xinjiang	569.80	233.06	62	34	12415.52	100431.42	87830.10	15292.22
新疆生产建设兵团 Xinjiang Production and Construction Corps	80.20	6.82	14	6	2444.75	20518.67	18167.83	6288.58

Urban Water Supply (Public Water Suppliers) (2023)

Total Quantity of Water Supply (10000cu. m)					用水户数		用水人口	地区名称
Water Sold			免费供水量	生活用水	（户）	居民家庭	（万人）	
公共服务用水 The Quantity of Water for Public Service	居民家庭用水 The Quantity of Water for Household Use	其他用水 The Quantity of Other Purposes	The Quantity of Free Water Supply	Domestic Water Use	Number of Households with Access to Water Supply	Households	Population with Access to Water Supply	Name of Regions
					(unit)		(10000 persons)	
1020734.01	2810871.27	291772.62	160199.65	11303.23	228841292	207427112	56202.20	全 国
47895.52	65737.69	2926.69	698.00	33.31	7302333	7091884	1827.63	北 京
14611.23	39954.79	5.64	683.78		5380894	5164982	1166.04	天 津
21729.48	67582.56	9150.20	3708.92	267.27	7357226	6759646	2202.36	河 北
10584.79	46167.11	2116.11	574.68	10.36	3503143	2768526	1285.68	山 西
9809.63	27460.36	4385.20	3070.75	12.79	5123450	4546464	962.58	内 蒙 古
36903.49	94487.65	7955.09	19075.17	2278.88	13687691	12595449	2207.14	辽 宁
16644.18	36172.03	2209.97	5544.39	63.10	6667347	6084533	1178.67	吉 林
19014.12	44442.07	7345.69	2157.04	140.92	7907121	7135030	1365.84	黑 龙 江
76267.10	115210.90	9951.18	8938.02		9785190	9245944	2487.45	上 海
74744.79	214289.62	50967.23	8612.02	1799.08	20750186	18752134	3736.36	江 苏
73526.62	179253.37	10220.86	4205.43	171.42	13236666	11947247	3179.33	浙 江
36019.28	102733.52	9749.40	5622.64	95.08	9734737	8882826	1964.15	安 徽
38438.05	87369.99	12352.90	6006.90	33.12	6045326	5342520	1468.44	福 建
25054.90	74667.61	5329.65	2827.75	387.20	6768425	6250141	1154.01	江 西
50148.51	145085.94	11931.75	3741.47	470.11	13982939	13204725	4147.71	山 东
29672.93	113797.55	12545.10	3061.11	303.70	9261868	8319838	2865.74	河 南
27129.11	152097.25	8250.70	14698.73	587.97	9214517	8696394	2432.91	湖 北
34729.44	113891.04	12394.73	11233.93	2068.46	7425493	6679567	1855.68	湖 南
182679.44	423362.31	32096.15	15317.00	435.88	20242071	17321907	6722.66	广 东
31874.14	101601.49	2120.03	6121.27	115.97	3707894	3281722	1342.19	广 西
6986.87	29586.07	6091.45	1039.18	9.13	412974	363958	328.78	海 南
27164.70	82519.05	8518.07	1936.45	352.07	8231043	7466172	1586.15	重 庆
51224.80	180178.45	17905.00	8412.94	746.32	13102920	11545368	3018.96	四 川
7290.38	53648.44	2143.65	2345.23	54.47	3918125	3450731	902.69	贵 州
19070.17	51436.71	2875.50	6562.27	317.76	4519248	3967448	1083.09	云 南
2164.00	7840.99	3305.53	3939.65	186.29	257724	207241	97.68	西 藏
7303.51	71350.97	4195.81	3259.05	24.10	4732021	4454463	1430.11	陕 西
9601.56	26343.72	4551.08	1190.29	109.27	1539952	1437005	702.17	甘 肃
4261.04	9322.87	2339.60	1415.28	195.65	295343	270707	214.23	青 海
9425.82	10344.00	3125.09	2962.05		1376535	1216876	307.44	宁 夏
14535.00	37763.64	20239.24	1173.62	23.55	2911465	2552109	864.73	新 疆
4229.41	5171.51	2478.33	64.64	10.00	459425	423555	113.60	新疆生产建设兵团

1-4-4 城市供水(自建设施供水)(2023年)

地区名称 Name of Regions	综合生产能力 (万立方米/日) Integrated Production Capacity (10000 cu. m/day)	地下水 Underground Water	供水管道长度 (公里) Length of Water Supply Pipelines (km)	建成区 in Built District	供水总量(万立方米) 合计 Total	生产运营用水 The Quantity of Water for Production and Operation
全　　国 National Total	3836.73	931.49	18148.85	13331.36	369534.62	308253.26
北　　京 Beijing	34.56	34.56	630.15		4166.07	575.03
天　　津 Tianjin	30.60		56.42	56.42	2894.01	2894.01
河　　北 Hebei	78.09	62.17	1856.66	1662.96	10121.66	8446.82
山　　西 Shanxi	26.47	26.47	581.03	134.71	4169.37	2176.57
内　蒙　古 Inner Mongolia	64.67	48.61	186.90	154.90	12066.81	8453.23
辽　　宁 Liaoning	189.72	74.76	1386.32	952.22	27448.53	19389.70
吉　　林 Jilin	293.35	55.28	422.83	276.83	17572.90	15129.94
黑　龙　江 Heilongjiang	66.09	51.78	731.36	642.30	12837.84	9667.56
上　　海 Shanghai						
江　　苏 Jiangsu	1417.53	29.88	945.45	839.43	63778.47	63078.32
浙　　江 Zhejiang	99.75	0.43	844.49	791.49	16031.42	15354.93
安　　徽 Anhui	227.29	24.53	1378.15	1320.55	36331.22	31953.61
福　　建 Fujian	16.87	2.41	91.76	91.76	4454.59	4183.43
江　　西 Jiangxi	13.61	1.22	257.93	233.87	1767.40	1140.57
山　　东 Shandong	198.24	118.87	1527.77	1342.17	43677.51	38566.71
河　　南 Henan	171.54	130.75	1084.29	762.20	24756.20	16258.13
湖　　北 Hubei	190.13	7.13	941.63	591.22	26288.25	23791.12
湖　　南 Hunan	19.32	15.15	1748.25	1125.45	2305.83	1182.04
广　　东 Guangdong	209.28	4.07	267.61	18.58	3926.65	3866.25
广　　西 Guangxi	57.83	7.21	1203.54	1126.97	13847.86	12911.23
海　　南 Hainan	3.74	3.74	200.60	0.60	848.78	216.71
重　　庆 Chongqing	59.94	1.80	47.70	40.00	2978.16	2690.32
四　　川 Sichuan	89.88	52.46	235.12	56.83	5442.42	3789.80
贵　　州 Guizhou	0.33	0.11	3.80	3.80	42.51	4.09
云　　南 Yunnan	75.48	10.94	68.32	47.32	7566.26	6298.92
西　　藏 Xizang	3.98	3.98			75.00	75.00
陕　　西 Shaanxi	61.48	57.07	416.94	359.75	8168.79	5035.51
甘　　肃 Gansu	20.08	0.07	169.77	132.57	371.90	57.16
青　　海 Qinghai	46.75	46.71	296.10	54.50	9323.64	9125.46
宁　　夏 Ningxia	42.78	31.98	382.00	326.00	3220.52	1141.62
新　　疆 Xinjiang	27.35	27.35	185.96	185.96	3054.05	799.47
新疆生产建设兵团 Xinjiang Production and Construction Corps						

Urban Water Supply (Suppliers with Self-Built Facilities) (2023)

The Quantity of Water for Public Service	The Quantity of Water for Household Use	The Quantity of Water for Other Purposes	Number of Households with Access to Water Supply (unit)	Households	Population with Access to Water Supply (10000 persons)	Name of Regions
27928.79	22999.90	10352.67	1200840	991909	302.45	全　　国
2385.82	1153.73	51.49	42140	37529	92.17	北　　京
			3			天　　津
594.31	977.70	102.83	54339	50233	9.69	河　　北
129.08	1817.14	46.58	107566	96608	17.74	山　　西
1683.28	1535.40	394.90	15383	10737	1.76	内　蒙　古
3307.32	3279.39	1472.12	343037	324404	35.17	辽　　宁
880.88	600.11	961.97	43150	40841	12.44	吉　　林
988.22	1705.86	476.20	61818	58599	10.75	黑　龙　江
						上　　海
531.26	18.83	150.06	21936	2190	1.92	江　　苏
140.10	536.39		36376	34966	10.12	浙　　江
3446.86	490.35	440.40	36933	16260	5.74	安　　徽
	271.16		7490	3015	0.25	福　　建
34.20	475.33	117.30	19612	16104	2.44	江　　西
1987.11	1779.29	1344.40	106484	75392	26.71	山　　东
5967.84	1592.54	937.69	65818	57195	21.37	河　　南
533.77	1821.56	141.80	102539	51475	7.44	湖　　北
551.10	541.40	31.29	5862	3072	5.15	湖　　南
50.40	5.00	5.00	8147	8000	2.50	广　　东
63.07	802.27	71.29	20321	16639	7.41	广　　西
202.52	429.25	0.30	115	9	5.89	海　　南
20.79	113.11	153.94	9777	9768	2.11	重　　庆
981.04	341.82	329.76	12758	7772	3.33	四　　川
7.67	30.75		450	435	0.13	贵　　州
	937.25	330.09	823	551	0.14	云　　南
						西　　藏
1265.72	959.36	908.20	48325	45242	12.73	陕　　西
112.90	159.50	42.34	13612	13195	3.20	甘　　肃
6.16	165.05	26.97	7342	6900	1.59	青　　海
1182.90	124.15	771.85	717	410	0.13	宁　　夏
874.47	336.21	1043.90	7967	4368	2.43	新　　疆
						新疆生产建设兵团

1-5-1　全国历年城市节约用水情况

计量单位：万立方米

年 份 Year	计划用水量 Planned Quantity of Water Use	新水取用量 Fresh Water Used
1991	1977024	1921307
1992	2077092	1939390
1993	2076928	2004922
1994	2299596	2497236
1995	2123215	1930610
1996	6285246	2166806
1997	2004412	1875974
1998	2490390	2343370
1999	2409254	2223035
2000	2153979	2071731
2001	2504134	2126401
2002	2463717	2091365
2003	2353286	2014528
2004	2441914	2048488
2005	2676425	2300332
2006		2356268
2007		2295192
2008		2121034
2009		2064014
2010		2161262
2011		1694727
2012		1838306
2013		1876372
2014		1950107
2015		1922051
2016		1971043
2017		2455307
2018		2290261
2019		2333077
2020		2350149
2021		2559406
2022		2943120
2023		3082355

注：自 2006 年起，不统计计划用水量指标。

National Urban Water Conservation in Past Years

Measurement Unit: 10000 cu. m

Quantity of Industrial Water Recycled	Water Saved	Year
1985326	211259	1991
2843918	205087	1992
3000109	218317	1993
3375652	276241	1994
3626086	235113	1995
3345351	235194	1996
4429175	260885	1997
3978967	278835	1998
3966355	287284	1999
3811945	353569	2000
3881683	377733	2001
4849164	372352	2002
4572711	338758	2003
4183937	393426	2004
5670096	376093	2005
5535492	415755	2006
6026048	454794	2007
6547258	659114	2008
6130645	628692	2009
6872928	407152	2010
6334101	406578	2011
7388185	400806	2012
6526517	382760	2013
6930588	405234	2014
7160130	403133	2015
7644277	576220	2016
8211738	648227	2017
8556264	508437	2018
9081103	499888	2019
10305444	707572	2020
10359838	738645	2021
11611625	707498	2022
12798568	799255	2023

Note: From 2006, "Planned Quantity of Water Use" has not been counted.

1-5-2 城市节约用水（2023年）

计量单位：万立方米

地区名称 Name of Regions	计划用水户数（户）Planned Water Consumers (unit)	自备水计划用水户数 Planned Self-produced Water Consumers	计划用水户实际用水量 合计 Total	计划用水户实际用水量 工业 Industry	新水取水量 Fresh Water Used	工业 Industry	重复利用量 Water Reused
全　国 National Total	2069855	36318	16575105	14093110	3082355	1294542	13492750
北　京 Beijing	42882	5558	763717	539192	240437	21052	523280
天　津 Tianjin	13732	1160	1192877	1176197	44616	27966	1148261
河　北 Hebei	8011	1258	322358	288754	49044	17559	273314
山　西 Shanxi	5345	209	456176	393639	82946	23862	373229
内 蒙 古 Inner Mongolia	435893	417	229034	211821	40002	23183	189032
辽　宁 Liaoning	70344	396	663224	604074	79326	36185	583898
吉　林 Jilin	23904	2003	237222	176477	115684	55732	121538
黑 龙 江 Heilongjiang	2066	1369	350552	264020	148187	61727	202365
上　海 Shanghai	187687		108027	42857	108027	42857	
江　苏 Jiangsu	32233	1362	2922040	2353449	420716	224154	2501324
浙　江 Zhejiang	45846	1659	1082502	960003	209015	133931	873488
安　徽 Anhui	7612	97	820697	784676	100389	65573	720308
福　建 Fujian	121089		195393	157859	58921	25409	136471
江　西 Jiangxi	6287	232	96110	46179	74738	25120	21373
山　东 Shandong	70694	3379	1833451	1558011	241746	121689	1591705
河　南 Henan	36923	8479	788752	740622	79366	37562	709386
湖　北 Hubei	145318	143	1055252	988479	109722	62597	945530
湖　南 Hunan	92399	303	175080	138930	57252	26214	117827
广　东 Guangdong	139806	286	1319138	1127255	305384	124493	1013753
广　西 Guangxi	9502	136	413508	338811	88657	18151	324851
海　南 Hainan	3879	104	59789	3816	59780	3814	9
重　庆 Chongqing	8069	74	426108	361237	64076	27246	362032
四　川 Sichuan	29203	4445	276508	192166	101112	23389	175396
贵　州 Guizhou	8328	280	74421	35497	47739	11939	26682
云　南 Yunnan	167129	273	127478	107508	30110	10538	97367
西　藏 Xizang	368		1451		1451		
陕　西 Shaanxi	6703	742	48133	24410	35584	11929	12549
甘　肃 Gansu	289367	49	268815	242087	40529	14719	228286
青　海 Qinghai	1370	7	2888	663	2888	663	
宁　夏 Ningxia	1009	261	232654	225383	17598	10327	215056
新　疆 Xinjiang	8624	1637	26565	5114	23244	2155	3321
新疆生产建设兵团 Xinjiang Production and Construction Corps	48233		5188	3927	4069	2808	1119

Urban Water Conservation (2023)

Measurement Unit: 10000cu. m

工 业 Industry	超计划定额用水量 Water Quantity Consumed in Excess of Quota	重复利用率（%）Reuse Rate (%)	工 业 Industry	Water Saved	工 业 Industry	节水措施投资总额（万元）Total Investment in Water-Saving Measures (10000 RMB)	地区名称 Name of Regions
12798568	21772	81	91	799255	593590	855167	全 国
518140	184	69	96	9346	625	16103	北 京
1148231	1645	96	98	320	311	876	天 津
271195	26	85	94	5764	4001	383	河 北
369777	809	82	94	15969	9528	3604	山 西
188638	418	83	89	1455	789	12442	内 蒙 古
567889	152	88	94	17404	8875	3733	辽 宁
120745	679	51	68	5680	2154	2562	吉 林
202293	228	58	77	123806	111951	223	黑 龙 江
				3017	1633	74143	上 海
2129294	2477	86	90	67554	51104	31129	江 苏
826072	893	81	86	46436	33420	100528	浙 江
719103	730	88	92	31151	27961	48300	安 徽
132450	2680	70	84	20133	12366	2879	福 建
21059	1400	22	46	9093	3964	4858	江 西
1436322	413	87	92	53773	42107	111763	山 东
703060	664	90	95	35086	22480	1020	河 南
925882	507	90	94	60986	52666	22092	湖 北
112717	765	67	81	117940	112879	12561	湖 南
1002762	3239	77	89	72667	34393	139062	广 东
320659	603	79	95	13663	7517	6788	广 西
2	558	0	0	152	6	48659	海 南
333990	371	85	92	22795	19701	143472	重 庆
168777	400	63	88	19336	8725	12926	四 川
23558	552	36	66	14720	14216	5337	贵 州
96970	675	76	90	6745	216	24069	云 南
							西 藏
12481	84	26	51	8532	3962	4237	陕 西
227368	19	85	94	5650	2286	13692	甘 肃
							青 海
215056	419	92	95	3217	1761	7606	宁 夏
2959	182	13	58	6864	1996	120	新 疆
1119		22	28				新疆生产建设兵团

1-6-1　全国历年城市燃气情况

年 份 Year	人工煤气 Man-Made Coal Gas				天然气 Natural Gas			
	供气总量 （万立方米） Total Gas Supplied (10000 cu. m)	居民家庭 Households	用气人口 （万人） Population with Access to Gas (10000 persons)	管道长度 （公里） Length of Gas Supply Pipeline (km)	供气总量 （万立方米） Total Gas Supplied (10000 cu. m)	居民家庭 Households	用气人口 （万人） Population with Access to Gas (10000 persons)	管道长度 （公里） Length of Gas Supply Pipeline (km)
1978	172541	66593	450	4157	69078	4103	24	560
1979	182748	73557	500	4446	68489	9833	76	751
1980	195491	83281	561	4698	58937	4893	80	921
1981	199466	90326	594	4830	93970	8575	83	1059
1982	208819	94896	630	5258	90421	8938	93	1098
1983	214009	89012	703	5967	49071	9443	91	1149
1984	231351	96228	768	7353	168568	38258	135	1965
1985	244754	107060	911	8255	162099	43268	281	2312
1986	337745	139374	951	7990	435887	65262	492	2409
1987	686518	170887	1177	11650	501093	77719	634	5465
1988	667927	171376	1357	13028	573983	73305	748	6186
1989	841297	204709	1498	14448	591169	91770	896	6849
1990	1747065	274127	1674	16312	642289	115662	972	7316
1991	1258088	311430	1867	18181	754616	154302	1072	8054
1992	1495531	305325	2181	20931	628914	152013	1119	8487
1993	1304130	345180	2490	23952	637207	139297	1180	8889
1994	1262712	416453	2889	27716	752436	146938	1273	9566
1995	1266894	456585	3253	33890	673354	163788	1349	10110
1996	1348076	472904	3490	38486	637832	138018	1470	18752
1997	1268944	535412	3735	41475	663001	177121	1656	22203
1998	1675571	480734	3746	42725	688255	195778	1908	25429
1999	1320925	494001	3918	45856	800556	215006	2225	29510
2000	1523615	630937	3944	48384	821476	247580	2581	33655
2001	1369144	494191	4349	50114	995197	247543	3127	39556
2002	1989196	490258	4541	53383	1259334	350479	3686	47652
2003	2020883	583884	4792	57017	1416415	374986	4320	57845
2004	2137225	512026	4654	56419	1693364	454248	5628	71411
2005	2558343	458538	4369	51404	2104951	521389	7104	92043
2006	2964500	381518	4067	50524	2447742	573441	8319	121498
2007	3223512	373522	4022	48630	3086365	662198	10190	155271
2008	3558287	353162	3370	45172	3680393	779917	12167	184084
2009	3615507	307134	2971	40447	4050996	913386	14544	218778
2010	2799380	268764	2802	38877	4875808	1171596	17021	256429
2011	847256	238876	2676	37100	6787997	1301190	19028	298972
2012	769686	215069	2442	33538	7950377	1558311	21208	342752
2013	627989	167886	1943	30467	8882417	1726620	23783	388466
2014	559513	145773	1757	29043	9643783	1968878	25973	434571
2015	471378	108306	1322	21292	10407906	2080061	28561	498087
2016	440944	108716	1085	18513	11717186	2864124	30856	551031
2017	270882	73733	752	11716	12637546	2825027	33934	623253
2018	297893	78957	779	13124	14439538	3135097	36902	698043
2019	276841	56168	675	10915	15279409	3470004	39025	767946
2020	231447	52031	548	9860	15637020	3815984	41302	850552
2021	187234	42792	456	9165	17210612	4119858	44196	929088
2022	181450	35207	381	6718	17677007	4382046	45679	980405
2023	140559	26453	312	5154	18371920	4498118	47115	1039164

注：自2006年起，燃气普及率指标按城区人口和城区暂住人口合计为分母计算，括号中的数据为与往年同口径数据。

National Urban Gas in Past Years

年份 Year	液化石油气 LPG				燃气普及率 （％） Gas Coverage Rate （％）
	供气总量 （吨） Total Gas Supplied （ton）	居民家庭 Households	用气人口 （万人） Population with Access to Gas （10000 persons）	管道长度 （公里） Length of Gas Supply Pipeline （km）	
1978	194533	175744	635		14.4
1979	243576	218797	788		16.1
1980	290460	269502	924		17.3
1981	330987	308028	995		11.6
1982	388596	342828	1076		12.6
1983	456192	414635	1159		12.3
1984	535289	424318	1435		13.0
1985	601803	540761	1534		13.0
1986	1011308	763590	2041		15.2
1987	1049116	954534	2399		16.7
1988	1730261	1136883	2764		16.5
1989	1898003	1259349	3156		17.8
1990	2190334	1428058	3579		19.1
1991	2423988	1694399	4084		23.7
1992	2996699	2019620	4796		26.3
1993	3150296	2316129	5770		27.9
1994	3664948	2817702	6745		30.4
1995	4886528	3701504	8355		34.3
1996	5758374	3943604	8864	2762	38.2
1997	5786023	4370979	9350	4086	40.0
1998	7972947	5478535	9995	4458	41.8
1999	7612684	4990363	10336	6116	43.8
2000	10537147	5322828	11107	7419	45.4
2001	9818313	5583497	13875	10809	60.42
2002	11363884	6561738	15431	12788	67.17
2003	11263475	7817094	16834	15349	76.74
2004	11267120	7041351	17559	20119	81.53
2005	12220141	7065214	18013	18662	82.08
2006	12636613	6936513	17100	17469	79.11（88.58）
2007	14667692	7280415	18172	17202	87.40
2008	13291072	6292713	17632	28590	89.55
2009	13400303	6887600	16924	14236	91.41
2010	12680054	6338523	16503	13374	92.04
2011	11658326	6329164	16094	12893	92.41
2012	11148032	6081312	15683	12651	93.15
2013	11097298	6130639	15102	13437	94.25
2014	10828490	5862125	14378	10986	94.57
2015	10392169	5871062	13955	9009	95.30
2016	10788042	5739456	13744	8716	95.75
2017	9988088	5447739	12616	6200	96.26
2018	10153298	5447936	11782	4841	96.70
2019	9227179	4917008	11297	4452	97.29
2020	8337109	4786679	10767	4010	97.87
2021	8606841	4936380	10180	2910	98.04
2022	7584586	4444194	9333	2547	98.06
2023	7646011	4205423	8406	2942	98.25

Note: Since 2006, gas coverage rate has been calculated based on denominator which combines both permanent and temporary residents in urban areas, and the data in brackets are the same index but calculated by the method of past years.

1-6-2　城市人工煤气(2023年)

地区名称 Name of Regions	生产能力 （万立方米/日） Production Capacity (10000 cu. m/day)	储气能力 （万立方米） Gas Storage Capacity (10000 cu. m)	供气管道长度 （公里） Length of Gas Supply Pipeline (km)	自制气量 （万立方米） Self-Produced Gas (10000 cu. m)	合　计 Total
全　国 National Total	707.30	118.80	5154.29	177769.50	140558.80
河　北 Hebei			498.24		40752.82
山　西 Shanxi	157.00	5.00	417.90		46769.67
内 蒙 古 Inner Mongolia			78.00		1616.49
辽　宁 Liaoning	48.70	38.00	2562.00	4090.00	17365.80
吉　林 Jilin		8.60	352.00		3388.14
黑 龙 江 Heilongjiang		8.00	225.00		2035.00
江　西 Jiangxi	3.00	20.00	85.20	780.00	11261.69
山　东 Shandong	129.00	1.00	2.90	47085.00	9468.00
河　南 Henan	15.00		235.43		
广　西 Guangxi	9.60	18.20			2725.76
四　川 Sichuan		13.00	647.62		3352.24
甘　肃 Gansu	345.00	7.00	50.00	125814.50	1823.19

Urban Man-Made Coal Gas (2023)

供气总量(万立方米) Total Gas Supplied (10000 cu. m)		燃气损失量 Loss Amount	用气户数 (户) Number of Households with Access to Gas (unit)	居民家庭 Households	用气人口 (万人) Population with Access to Gas (10000 persons)	地区名称 Name of Regions
销售气量 Quantity Sold	居民家庭 Households					
136447.65	**26453.05**	**4111.15**	**1568889**	**1554353**	**312.30**	全　国
39223.23		1529.59	104			河　北
46148.24	898.41	621.43	55046	54957	13.74	山　西
1535.67	1032.12	80.82	7112	7085	2.12	内 蒙 古
16449.00	13491.00	916.80	1044273	1035317	190.14	辽　宁
3302.14	2620.93	86.00	178213	177639	44.20	吉　林
1954.00	1691.00	81.00	108300	104700	30.60	黑 龙 江
10681.28	344.76	580.41	9376	9326	0.72	江　西
9467.00		1.00	1			山　东
						河　南
2725.26	1962.94	0.50	499	123	0.04	广　西
3230.26	2848.89	121.98	101962	101552	17.24	四　川
1731.57	1563.00	91.62	64003	63654	13.50	甘　肃

1-6-3 城市天然气 (2023年)

地区名称 Name of Regions	储气能力 （万立方米） Gas Storage Capacity (10000 cu. m)	供气管道长度 （公里） Length of Gas Supply Pipeline (km)	供气总量(万立方米) 合计 Total	销售气量 Quantity Sold	居民家庭 Households	集中供热 Central Heating
全 国 National Total	248923.88	1039163.50	18371919.56	18071986.73	4498117.79	1719333.86
北 京 Beijing	61284.80	33758.74	2011671.53	1972140.02	198309.60	609705.37
天 津 Tianjin	667.92	53894.50	683491.45	675017.60	116332.19	183170.21
河 北 Hebei	9083.75	50258.36	760147.99	746666.24	233521.45	74010.94
山 西 Shanxi	2064.06	31053.94	363402.91	358226.12	94908.45	8441.73
内 蒙 古 Inner Mongolia	446.33	13792.21	277107.54	269901.54	99400.95	34025.77
辽 宁 Liaoning	3029.98	34521.57	345485.91	338980.00	85803.39	9853.31
吉 林 Jilin	7151.82	14474.96	235130.57	231202.12	50532.46	6803.69
黑 龙 江 Heilongjiang	3920.79	12013.59	188832.19	185449.75	43377.86	26099.58
上 海 Shanghai	72900.00	34584.92	983385.41	960453.38	190274.98	
江 苏 Jiangsu	16467.11	120165.95	1818748.82	1790744.08	368972.85	9220.30
浙 江 Zhejiang	2673.49	67088.50	1003471.81	993819.65	147619.00	5006.26
安 徽 Anhui	4641.73	37045.26	530153.80	516821.76	201859.61	58.00
福 建 Fujian	1024.67	19972.31	374063.55	370347.13	39476.53	
江 西 Jiangxi	1678.57	23665.50	266260.42	263636.61	73837.17	
山 东 Shandong	7470.80	84332.17	1247045.11	1227565.69	307408.84	131791.26
河 南 Henan	2073.63	31322.90	719252.29	701886.60	217921.42	71661.00
湖 北 Hubei	6268.46	57740.37	660317.55	643213.30	199358.42	913.77
湖 南 Hunan	3217.35	34583.36	346644.39	338832.40	153390.13	
广 东 Guangdong	3723.26	49825.22	1435602.08	1424785.50	209905.53	
广 西 Guangxi	932.32	12754.06	215092.68	213964.41	58367.55	
海 南 Hainan	181.00	5506.85	33720.01	33225.35	23066.81	
重 庆 Chongqing	465.17	27290.77	614233.38	603164.39	234068.34	2848.00
四 川 Sichuan	1361.80	89555.00	1082111.46	1061339.77	486628.68	280.00
贵 州 Guizhou	1025.51	11679.67	195247.19	193844.86	58371.05	293.00
云 南 Yunnan	382.76	11234.28	79452.90	78618.95	24934.92	
西 藏 Xizang	166.00	6253.02	5500.00	5225.00	3125.00	2100.00
陕 西 Shaanxi	10823.07	30325.92	639504.38	627192.27	249267.14	171443.85
甘 肃 Gansu	4260.22	5004.88	282532.73	281801.41	65655.50	73952.95
青 海 Qinghai	335.73	4312.15	186170.23	181532.81	47467.95	69724.26
宁 夏 Ningxia	6351.00	7787.21	118191.48	116734.21	42616.10	11148.98
新 疆 Xinjiang	12558.90	20996.88	603367.06	599732.32	154355.58	212970.94
新疆生产建设兵团 Xinjiang Production and Construction Corps	291.88	2368.48	66580.74	65921.49	17982.34	3810.69

Urban Natural Gas (2023)

Total Gas Supplied (10000 cu. m)		用气户数	居民家庭	用气人口	天然气汽车加气站	地区名称
燃气汽车 Gas-Powered Automobiles	燃气损失量 Loss Amount	（户） Number of Household with Access to Gas (unit)	Households	（万人） Population with Access to Gas (10000 persons)	（座） Gas Stations for CNG-Fueled Motor Vehicles (unit)	Name of Regions
1034657.79	299932.83	218569374	213289766	47114.77	4007	全　　国
25426.92	39531.51	7886903	7796250	1478.25	82	北　　京
30219.43	8473.85	6350082	6107936	1092.14	73	天　　津
53167.28	13481.75	9819460	9485797	2065.56	227	河　　北
57526.03	5176.79	5686226	5636251	1239.48	97	山　　西
37233.77	7206.00	3440064	3374757	758.09	215	内　蒙　古
31620.82	6505.91	9425957	9328331	1810.70	175	辽　　宁
37399.14	3928.45	4575278	4505657	937.86	241	吉　　林
34961.89	3382.44	4938427	4804439	1040.11	199	黑　龙　江
7267.90	22932.03	8210497	8069543	2047.20	15	上　　海
37821.10	28004.74	16729640	16248488	3427.22	181	江　　苏
24113.95	9652.16	9325767	9253360	2371.23	92	浙　　江
29635.92	13332.04	7985486	7795702	1880.78	127	安　　徽
6170.53	3716.42	3557382	3525631	997.31	30	福　　建
7893.78	2623.81	4256744	4225756	960.00	46	江　　西
58051.90	19479.42	18174362	17912893	3946.27	359	山　　东
30085.21	17365.69	11849056	11689335	2603.97	166	河　　南
47203.21	17104.25	10613791	10496237	2054.06	163	湖　　北
9714.52	7811.99	6985860	6901040	1513.38	62	湖　　南
18061.98	10816.58	15702353	15342551	4522.97	65	广　　东
6124.51	1128.27	4820860	4788601	925.29	37	广　　西
7628.77	494.66	1125074	1121322	275.66	31	海　　南
51845.07	11068.99	8592129	8410296	1551.27	114	重　　庆
125388.66	20771.69	15364451	14869495	2873.50	284	四　　川
3866.76	1402.33	2586969	2564404	649.80	25	贵　　州
5495.86	833.95	2482797	1438466	620.92	35	云　　南
	275.00	153000	152400	45.00		西　　藏
23975.51	12312.11	8193862	8085055	1389.77	199	陕　　西
29013.27	731.32	2880650	2705096	634.65	120	甘　　肃
14496.88	4637.42	703742	687561	191.39	38	青　　海
13511.37	1457.27	1313346	1293303	285.04	112	宁　　夏
145607.73	3634.74	4199985	4115314	819.43	337	新　　疆
24128.12	659.25	639174	558499	106.47	60	新疆生产建设兵团

1-6-4 城市液化石油气(2023年)

地区名称 Name of Regions	储气能力 (吨) Gas Storage Capacity (ton)	供气管道长度 (公里) Length of Gas Supply Pipeline (km)	供气总量(吨) 合计 Total	销售气量 Quantity Sold	居民家庭 Households
全 国 National Total	872560.92	2942.26	7646010.75	7626259.66	4205423.25
北 京 Beijing	16860.40	206.00	123023.09	122796.48	104913.71
天 津 Tianjin	3325.80		101923.77	101785.82	36440.63
河 北 Hebei	11754.89	78.29	88669.19	88243.07	60448.52
山 西 Shanxi	6119.00		62486.57	62034.45	16405.15
内 蒙 古 Inner Mongolia	7405.40		55035.96	54806.33	36503.58
辽 宁 Liaoning	31666.74	131.17	523543.43	523018.10	96006.24
吉 林 Jilin	19381.90	38.51	108395.18	107774.06	44948.11
黑 龙 江 Heilongjiang	10820.30	109.97	146025.25	145424.77	71270.56
上 海 Shanghai	15540.00	263.23	234026.26	234026.26	119653.60
江 苏 Jiangsu	42416.77	694.98	520213.10	519001.62	292638.01
浙 江 Zhejiang	31379.98	232.10	726314.00	724574.11	493558.18
安 徽 Anhui	14112.55	189.82	152668.35	151920.39	77565.45
福 建 Fujian	14815.09	221.08	303304.67	302627.82	162338.80
江 西 Jiangxi	19210.10		166610.03	165384.69	135347.27
山 东 Shandong	31173.71	1.16	268326.48	266081.20	123938.86
河 南 Henan	13025.62	2.50	144953.33	144040.36	117341.24
湖 北 Hubei	32208.00	44.99	311631.41	310422.15	172451.85
湖 南 Hunan	19779.30		251440.53	250939.96	179347.35
广 东 Guangdong	280225.54	590.93	2164836.28	2162827.47	1240035.23
广 西 Guangxi	158776.55	2.09	303693.79	302814.36	209661.22
海 南 Hainan	3522.60		88571.93	88310.34	80120.70
重 庆 Chongqing	4506.41		65532.56	65420.36	24294.89
四 川 Sichuan	19240.31	114.43	222299.41	220641.98	90771.79
贵 州 Guizhou	14576.37		110613.03	110520.99	42620.74
云 南 Yunnan	21678.23	16.94	174895.20	174557.76	55014.31
西 藏 Xizang	2047.50	1.40	46100.80	46058.41	8378.41
陕 西 Shaanxi	13119.00		53963.35	53675.96	46509.80
甘 肃 Gansu	5234.46		46993.83	46801.15	25325.53
青 海 Qinghai	2485.30		16460.96	16420.45	7330.97
宁 夏 Ningxia	3076.00	0.12	9007.40	8975.50	3829.90
新 疆 Xinjiang	2533.10	1.88	49563.58	49499.20	26955.68
新疆生产建设兵团 Xinjiang Production and Construction Corps	544.00	0.67	4888.03	4834.09	3456.97

Urban LPG Supply (2023)

Total Gas Supplied (ton)		用气户数	用气人口	液化石油气汽车加气站	地区名称
燃气汽车 Gas-Powered Automobiles	燃气损失量 Loss Amount	(户) Number of Household with Access to Gas (unit)	居民家庭 Households	(万人) Population with Access to Gas (10000 persons)	(座) Gas Stations for LPG-Fueled Motor Vehicles (unit)	Name of Regions
130677.01	19751.09	35084176	31249898	8405.80	241	全　　国
	226.61	2146097	2137038	441.55		北　　京
	137.95	418398	380005	67.93		天　　津
	426.12	610889	558328	137.66		河　　北
	452.12	173519	124526	36.47	1	山　　西
1542.00	229.63	587104	497525	190.78	4	内　蒙　古
47617.28	525.33	1153569	997878	236.32	48	辽　　宁
4432.21	621.12	756514	662760	215.00	19	吉　　林
33894.70	600.48	766969	706817	223.30	37	黑　龙　江
		1834238	1735294	440.24		上　　海
5740.00	1211.48	2172799	1825732	308.94	8	江　　苏
5742.51	1739.89	4003065	3706111	818.22	7	浙　　江
	747.96	495534	439086	115.21		安　　徽
	676.85	1318391	1238003	468.45		福　　建
	1225.34	920495	872986	194.07		江　　西
16212.95	2245.28	963162	827390	217.18	53	山　　东
897.00	912.97	789468	732959	278.16	14	河　　南
	1209.26	1416747	1170917	291.35	2	湖　　北
	500.57	1266623	1198305	323.82	5	湖　　南
1500.00	2008.81	8155809	6952943	2129.38	1	广　　东
	879.43	1691820	1589827	415.19		广　　西
	261.59	480594	466602	58.89		海　　南
	112.20	135989	90064	32.87		重　　庆
1564.44	1657.43	451934	360509	99.54	17	四　　川
	92.04	763538	655040	222.65		贵　　州
	337.44	668366	540451	218.65		云　　南
4847.72	42.39	76819	74360	39.91	13	西　　藏
	287.39	304633	227617	61.12		陕　　西
5124.00	192.68	177543	150419	45.27	3	甘　　肃
	40.51	49235	40468	18.98	5	青　　海
	31.90	52980	49174	14.65		宁　　夏
1214.20	64.38	245124	208751	37.40	3	新　　疆
348.00	53.94	36211	32013	6.65	1	新疆生产建设兵团

1-7-1　全国历年城市集中供热情况

年份 Year	供热能力 Heating Capacity		供热总量 Total Heat Supplied	
	蒸　汽 （吨/小时） Steam (ton/hour)	热　水 （兆瓦） Hot Water (mega watts)	蒸　汽 （万吉焦） Steam (10000 gigajoules)	热　水 （万吉焦） Hot Water (10000 gigajoules)
1981	754	440	641	183
1982	883	718	627	241
1983	965	987	650	332
1984	1421	1222	996	454
1985	1406	1360	896	521
1986	9630	36103	3467	2704
1987	16258	27601	6669	3650
1988	18550	32746	5978	4848
1989	20177	25987	6782	4334
1990	20341	20128	7117	21658
1991	21495	29663	8195	21065
1992	25491	45386	9267	26670
1993	31079	48437	10633	29036
1994	34848	52466	10335	32056
1995	67601	117286	16414	75161
1996	62316	103960	17615	56307
1997	65207	69539	20604	62661
1998	66427	71720	17463	64684
1999	70146	80591	22169	69771
2000	74148	97417	23828	83321
2001	72242	126249	37655	100192
2002	83346	148579	57438	122728
2003	92590	171472	59136	128950
2004	98262	174442	69447	125194
2005	106723	197976	71493	139542
2006	95204	217699	67794	148011
2007	94009	224660	66374	158641
2008	94454	305695	69082	187467
2009	93193	286106	63137	200051
2010	105084	315717	66397	224716
2011	85273	338742	51777	229245
2012	86452	365278	51609	243818
2013	84362	403542	53242	266462
2014	84664	447068	55614	276546
2015	80699	472556	49703	302110
2016	78307	493254	41501	318044
2017	98328	647827	57985	310300
2018	92322	578244	57731	323665
2019	100943	550530	65067	327475
2020	103471	566181	65054	345004
2021	118784	593226	68164	357715
2022	125543	600194	67113	361226
2023	123908	631206	65489	362974

注：1981年至1995年热水供热能力计量单位为兆瓦/小时；1981年至2000年蒸汽供热总量计量单位为万吨。

National Urban Centralized Heating in Past Years

Length of Pipelines (km)		集中供热面积 (万平方米) Heated Area (10000 sq. m)	年份 Year
蒸 汽 Steam	热 水 Hot Water		
79	280	1167	1981
37	491	1451	1982
67	586	1841	1983
71	761	2445	1984
76	954	2742	1985
183	1335	9907	1986
163	1576	15282	1987
209	2193	13883	1988
401	2678	19386	1989
157	3100	21263	1990
656	3952	27651	1991
362	4230	32832	1992
532	5161	44164	1993
670	6399	50992	1994
909	8456	64645	1995
9577	24012	73433	1996
7054	25446	80755	1997
6933	27375	86540	1998
7733	30506	96775	1999
7963	35819	110766	2000
9183	43926	146329	2001
10139	48601	155567	2002
11939	58028	188956	2003
12775	64263	216266	2004
14772	71338	252056	2005
14012	79943	265853	2006
14116	88870	300591	2007
16045	104551	348948	2008
14317	110490	379574	2009
15122	124051	435668	2010
13381	133957	473784	2011
12690	147390	518368	2012
12259	165877	571677	2013
12476	174708	611246	2014
11692	192721	672205	2015
12180	201390	738663	2016
	276288	830858	2017
	371120	878050	2018
	392917	925137	2019
	425982	988209	2020
	461493	1060316	2021
	493417	1112500	2022
	523671	1154896	2023

Note: Heating capacity through hot water from 1981 to 1995 is measured with the unit of megawatts/hour; Heating capacity through steam from 1981 to 2000 is measured with the unit of 10000 tons.

1-7-2 城市集中供热(2023年)

地区名称 Name of Regions	蒸汽 Steam						供热能力（兆瓦）Heating Capacity (megawatts)	热电厂供热 Heating by Co-Generation
	供热能力（吨/小时）Heating Capacity (ton/hour)	热电厂供热 Heating by Co-Generation	锅炉房供热 Heating by Boilers	供热总量（万吉焦）Total Heat Supplied (10000 gigajoules)	热电厂供热 Heating by Co-Generation	锅炉房供热 Heating by Boilers		
全　国 National Total	123908	115113	8755	65489	61838	3607	631206	317785
北　京 Beijing							52380	9973
天　津 Tianjin	1875	1785	90	806	787	19	32643	10866
河　北 Hebei	5925	5545	380	3762	3717	45	52242	31977
山　西 Shanxi	20373	19723	650	11981	11426	556	33001	22001
内 蒙 古 Inner Mongolia	5591	5591		3338	3338		55147	43160
辽　宁 Liaoning	20859	19979	880	11428	11009	419	75358	26520
吉　林 Jilin	1783	1703	80	990	990		49267	20983
黑 龙 江 Heilongjiang	12402	11813	589	6521	6202	320	53362	32257
江　苏 Jiangsu	6208	5844	364	700	530	170	25	
安　徽 Anhui	3160	3160		2568	2568		208	8
山　东 Shandong	24050	21544	2467	11452	10551	902	75295	52450
河　南 Henan	5377	5001	376	2616	2385	189	27751	21808
湖　北 Hubei	1943	1943		1678	1678		1600	
四　川 Sichuan								
贵　州 Guizhou							280	
云　南 Yunan							471	
西　藏 Xizang							46	46
陕　西 Shaanxi	8520	5908	2612	3859	2905	954	32686	14527
甘　肃 Gansu	795	795		741	741		20529	9481
青　海 Qinghai							10272	668
宁　夏 Ningxia	2004	2004		1019	1019		11513	6780
新　疆 Xinjiang	517	485	32	241	209	32	41213	13606
新疆生产建设兵团 Xinjiang Production and Construction Corps	2525	2290	235	1787	1784	2	5916	675

Urban Central Heating(2023)

锅炉房供热 Heating By Boilers	热水 Hot Water 供热总量（万吉焦）Total Heat Supplied (10000 gigajoules)	热电厂供热 Heating by Co-Generation	锅炉房供热 Heating by Boilers	管道长度（公里）Length of Pipelines (km)	一级管网 First Class	二级管网 Second Class	供热面积（万平方米）Heated Area (10000 sq. m)	住宅 Housing	公共建筑 Public Building	地区名称 Name of Regions
231815	362974	206224	123964	523671	131407	392264	1154896	877468	260542	全　　国
	20515	5640		68666	4827	63840	72113	49105	23009	北　　京
21777	15771	6922	8850	37301	9317	27985	60117	46663	13453	天　　津
12297	31084	18608	6248	56192	11778	44414	106871	86332	19373	河　　北
7762	18098	14595	3228	28112	9935	18177	85659	63363	20288	山　　西
11610	32650	25668	6982	28519	7121	21399	71281	46667	19020	内　蒙　古
46625	56480	21101	33434	67797	14603	53194	149371	110671	37695	辽　　宁
27325	26889	14942	11572	38942	8649	30293	69149	48786	19935	吉　　林
20520	42125	26375	14979	25992	6432	19560	91584	65786	25777	黑　龙　江
25	14		14	460	443	17	4021	4021		江　　苏
	11	2		864	851	13	2689	1593	1089	安　　徽
17790	44882	30220	11113	105360	31651	73709	206646	175418	31142	山　　东
3987	15149	12046	1765	16374	10253	6121	66551	57792	7336	河　　南
0	35		0	534	333	201	1982	1722		湖　　北
				80	20	60	19		19	四　　川
102	85		20	55	29	26	233	144	88	贵　　州
50	90		3	492	153	340	209	115	90	云　　南
	112	112		300	40	260	186	56	130	西　　藏
13123	14124	7332	5457	5798	3942	1855	56548	44773	9236	陕　　西
10785	12893	6221	6571	15085	3334	11751	31946	22568	9174	甘　　肃
9604	3541	427	3114	1162	355	807	7362	5240	2122	青　　海
529	6340	5432	418	6785	1995	4790	16173	12553	3499	宁　　夏
26965	20503	10194	9515	16298	4395	11902	47384	30270	15944	新　　疆
940	1581	387	680	2503	951	1552	6803	3830	2121	新疆生产建设兵团

三、居民出行数据
Data by Residents Travel

1-8-1 全国历年城市轨道交通情况
National Urban Rail Transit System in Past Years

年 份 Year	建成轨道交通的城市个数（个） Number of Cities with Completed Rail Transport Lines (unit)	建成轨道交通线路长度（公里） The Length of Completed Rail Transport Lines (km)	正在建设轨道交通的城市个数（个） Number of Cities with Rail Transport Lines under Construction (unit)	正在建设轨道交通线路长度（公里） The Length of Rail Transport Lines under Construction (km)
1978	1	23		
1979	1	23		
1980	1	23		
1981	1	23		
1982	1	23		
1983	1	23		
1984	2	47		
1985	2	47		
1986	2	47		
1987	2	47		
1988	2	47		
1989	2	47		
1990	2	47		
1991	2	47		
1992	2	47		
1993	2	47		
1994	2	47		
1995	3	63		
1996	3	63		
1997	3	63		
1998	4	81		
1999	4	81		
2000	4	117		

注：2000年及以前年份，大连、鞍山、长春、哈尔滨的有轨电车没有统计在内；2017年至2021年，对建成轨道交通线路长度的历史数据进行了修订。

Note: For the year 2000 and before, the streetcar systems in Dalian, Anshan, Changchun and Harbin City were not included when collecting data on the number of cities with completed rail transport lines and the length of lines. The length of completed rail transport lines from 2017 to 2021 has beeen revised.

1-8-1 续表 continued

年 份 Year	建成轨道交通的城市个数（个）Number of Cities with Completed Rail Transport Lines (unit)	建成轨道交通线路长度（公里）The Length of Completed Rail Transport Lines (km)	正在建设轨道交通的城市个数（个）Number of Cities with Rail Transport Lines under Construction (unit)	正在建设轨道交通线路长度（公里）The Length of Rail Transport Lines under Construction (km)
2001	5	172		
2002	5	200		
2003	5	347		
2004	7	400		
2005	10	444		
2006	10	621		
2007	10	775		
2008	10	855		
2009	10	838.88	28	1991.36
2010	12	1428.87	28	1741.07
2011	12	1672.42	28	1891.29
2012	16	2005.53	29	2060.43
2013	16	2213.28	35	2760.38
2014	22	2714.79	36	3004.37
2015	24	3069.23	38	3994.15
2016	30	3586.34	39	4870.18
2017	32	4515.91	50	4913.56
2018	34	5062.70	50	5400.25
2019	41	5980.55	49	5594.08
2020	42	7641.09	45	5093.55
2021	50	8571.43	48	5172.30
2022	55	9575.01	44	4802.89
2023	57	10442.95	45	5061.32

1-8-2 城市轨道交通(建成)(2023年)

地区名称 Name of Regions	合计 Total	地铁 Subway	轻轨 Light Rail	单轨 Monorail	有轨 Cable Car	磁浮 Maglev	快轨 Fast Track	APM	地面线 Surface Lines	地下线 Underground Lines	高架线 Elevated Lines
全 国 National Total	10442.95	9410.61	230.13	124.84	461.69	59.85	151.93	3.90	764.76	7679.70	1998.49
北 京 Beijing	868.03	835.63			21.00	11.40			74.00	631.43	162.60
天 津 Tianjin	293.86	233.75	52.25		7.86				16.82	216.98	60.06
河 北 Hebei	76.40	76.40								76.40	
山 西 Shanxi	23.65	23.65								23.65	
内 蒙 古 Inner Mongolia	49.03	49.03							0.34	45.84	2.85
辽 宁 Liaoning	499.22	400.49			98.73				149.28	261.93	88.01
吉 林 Jilin	113.20	43.00	70.20						19.44	52.78	40.98
黑 龙 江 Heilongjiang	79.72	79.72								79.72	
上 海 Shanghai	831.58	795.39			6.29	29.90			16.40	550.37	264.81
江 苏 Jiangsu	1271.81	1155.08			81.63		35.10		125.90	844.47	301.44
浙 江 Zhejiang	871.33	732.44	8.26		13.80		116.83		20.53	649.08	201.72
安 徽 Anhui	247.87	201.55		46.32						198.73	49.14
福 建 Fujian	241.35	241.35							2.58	227.15	11.62
江 西 Jiangxi	128.31	128.31							0.20	122.62	5.49
山 东 Shandong	410.29	401.52			8.77				11.38	277.00	121.91
河 南 Henan	316.53	316.53							2.09	292.75	21.69
湖 北 Hubei	562.78	486.73			76.05				68.58	370.87	123.33
湖 南 Hunan	256.22	208.03	29.64				18.55		2.98	196.75	56.49
广 东 Guangdong	1357.93	1263.71	50.06		40.26			3.90	103.43	1101.91	152.59
广 西 Guangxi	128.44	128.44								128.44	
海 南 Hainan	8.37				8.37				8.37		
重 庆 Chongqing	509.64	396.00	19.72	78.52	15.40				25.16	296.67	187.81
四 川 Sichuan	616.17	558.97			57.20				56.77	496.12	63.28
贵 州 Guizhou	75.71	75.71							3.31	66.43	5.97
云 南 Yunnan	179.14	165.74			13.40				15.77	141.59	21.78
西 藏 Xizang											
陕 西 Shaanxi	350.85	350.85							28.50	267.43	54.92
甘 肃 Gansu	47.90	34.97			12.93				12.93	34.97	
青 海 Qinghai											
宁 夏 Ningxia											
新 疆 Xinjiang	27.62	27.62								27.62	
新疆生产建设兵团 Xinjiang Production and Construction Corps											

Urban Rail Transit System (Completed) (2023)

车站数(个) Number of Stations (unit)				换乘站数(个) Number of Transfer Stations (unit)	配置车辆数(辆) Number of Vehicles in Service (unit)								地区名称
合计 Total	地面站 Surface Lines	地下站 Underground Lines	高架站 Elevated Lines		合计 Total	地铁 Subway	轻轨 Light Rail	单轨 Monorail	有轨 Cable Car	磁浮 Maglev	快轨 Fast Track	APM	Name of Regions
6812	633	5298	881	1813	57942	55763	468	732	778	155	39	7	全 国
513	39	403	71	189	9640	9470			50	120			北 京
225	20	174	31	59	1530	1370	152		8				天 津
63		63		20	486	486							河 北
23		23		7	144	144							山 西
44	1	40	3	10	312	312							内 蒙 古
357	136	192	29	76	1360	1249			111				辽 宁
107	21	44	42	23	159	51	108						吉 林
66		66		9	822	822							黑 龙 江
508	12	385	111	188	7474	7416			44	14			上 海
812	85	618	109	147	6243	6149			91		3		江 苏
513	17	415	81	137	4509	4388	68		17		36		浙 江
201		163	38	35	1680	1440		240					安 徽
179		176	3	69	1471	1471							福 建
103		99	4	24	906	906							江 西
221	12	168	41	33	1671	1664			7				山 东
218	8	209	1	85	447	447							河 南
390	85	236	69	81	3174	3078			96				湖 北
160	1	148	11	61	1589	1536	32				21		湖 南
798	70	667	61	218	5306	5203	8		88			7	广 东
104		104		20	135	135							广 西
15	15				14				14				海 南
317	23	183	111	97	2374	1767	100	492	15				重 庆
405	56	326	23	113	4796	4594			202				四 川
57	2	50	5	22	498	498							贵 州
129	15	106	8	38	529	511			18				云 南
													西 藏
222	3	190	29	43	458	458							陕 西
41	12	29		4	53	36			17				甘 肃
													青 海
													宁 夏
21		21		5	162	162							新 疆
													新疆生产建设兵团

1-8-3 城市轨道交通(在建)(2023年)

地区名称 Name of Regions	线路长度(公里) Length of Lines (km)								按敷设方式 by Ways of Laying		
	合计 Total	地铁 Subway	轻轨 Light Rail	单轨 Monorail	有轨 Cable Car	磁浮 Maglev	快轨 Fast Track	APM	地面线 Surface Lines	地下线 Underground Lines	高架线 Elevated Lines
全　国 National Total	5061.32	4504.78	242.81		52.18	4.46	226.39	30.70	122.83	4097.56	840.93
北　京 Beijing	260.37	260.37							25.10	199.47	35.80
天　津 Tianjin	207.09	207.09							0.35	157.82	48.92
河　北 Hebei	61.79	61.79								61.79	
山　西 Shanxi	28.74	28.74								28.74	
内 蒙 古 Inner Mongolia											
辽　宁 Liaoning	147.17	147.17								130.67	16.50
吉　林 Jilin	122.93	120.25	2.68						1.00	121.19	0.74
黑 龙 江 Heilongjiang	12.99	12.99								12.99	
上　海 Shanghai	236.25	236.25								229.66	6.59
江　苏 Jiangsu	622.44	620.56		1.88					9.89	493.96	118.59
浙　江 Zhejiang	612.16	428.53	183.63						12.23	405.35	194.58
安　徽 Anhui	130.27	130.27							0.31	98.45	31.51
福　建 Fujian	199.44	137.04					62.40		0.94	156.72	41.78
江　西 Jiangxi	31.75	31.75								28.30	3.45
山　东 Shandong	382.62	351.92						30.70	0.23	326.77	55.62
河　南 Henan	142.71	142.71								139.71	3.00
湖　北 Hubei	155.39	155.39							0.25	144.17	10.97
湖　南 Hunan	66.01	61.55				4.46				52.34	13.67
广　东 Guangdong	796.38	689.58	56.50		50.30				51.48	680.09	64.81
广　西 Guangxi	3.90	3.90								3.90	
海　南 Hainan											
重　庆 Chongqing	278.15	261.75					16.40		7.54	216.55	54.06
四　川 Sichuan	282.94	135.35					147.59		8.92	165.18	108.84
贵　州 Guizhou	73.35	73.35								64.31	9.04
云　南 Yunnan	26.76	26.76							4.59	21.91	0.26
西　藏 Xizang											
陕　西 Shaanxi	118.61	118.61								96.41	22.20
甘　肃 Gansu											
青　海 Qinghai											
宁　夏 Ningxia											
新　疆 Xinjiang	61.11	61.11								61.11	
新疆生产建设兵团 Xinjiang Production and Construction Corps											

Urban Rail Transit System (Under Construction) (2023)

车站数(个) Number of Stations (unit)				换乘站数(个) Number of Transfer Stations (unit)	配置车辆数(辆) Number of Vehicles in Service (unit)								地区名称 Name of Regions
合计 Total	地面站 Surface Lines	地下站 Underground Lines	高架站 Elevated Lines		合计 Total	地铁 Subway	轻轨 Light Rail	单轨 Monorail	有轨 Cable Car	磁浮 Maglev	快轨 Fast Track	APM	
2838	39	2540	259	980	20683	19721	474		12	12	435	29	全国
123	11	103	9	67	2668	2668							北京
141	2	119	20	58	1116	1116							天津
52		52		14									河北
24		24		7	162	162							山西
													内蒙古
107		98	9	41	930	930							辽宁
81	1	78	2	28	49	49							吉林
12		12		1									黑龙江
125		124	1	52	1872	1872							上海
376	5	346	25	146	3490	3490							江苏
263	1	218	44	65	1570	1096	474						浙江
67		58	9	12	594	594							安徽
87		76	11	31	967	847					120		福建
19		17	2	3	336	336							江西
286	2	239	45	74	2065	2036						29	山东
92		91	1	36	226	226							河南
78		76	2	44	1024	1024							湖北
38		34	4	15	400	388				12			湖南
415	15	382	18	81	40	28			12				广东
3		3											广西
													海南
126	2	102	22	60	840	816					24		重庆
138		116	22	73	1469	1178					291		四川
42		40	2	11	384	384							贵州
19		18	1	7	55	55							云南
													西藏
75		65	10	35									陕西
													甘肃
													青海
													宁夏
49		49		19	426	426							新疆
													新疆生产建设兵团

1-9-1 全国历年城市道路和桥梁情况
National Urban Road and Bridge in Past Years

年 份 Year	道路长度（公里）Length of Roads (km)	道路面积（万平方米）Surface Area of Roads (10000 sq. m)	防洪堤长度（公里）Length of Flood Control Dikes (km)	人均城市道路面积（平方米）Urban Road Surface Area Per Capita (sq. m)
1978	26966	22539	3443	2.93
1979	28391	24069	3670	2.85
1980	29485	25255	4342	2.82
1981	30277	26022	4446	1.81
1982	31934	27976	5201	1.96
1983	33934	29962	5577	1.88
1984	36410	33019	6170	1.84
1985	38282	35872	5998	1.72
1986	71886	69856	9952	3.05
1987	78453	77885	10732	3.10
1988	88634	91355	12894	3.10
1989	96078	100591	14506	3.22
1990	94820	101721	15500	3.13
1991	88791	99135	13892	3.35
1992	96689	110526	16015	3.59
1993	104897	124866	16729	3.70
1994	111058	137602	16575	3.84
1995	130308	164886	18885	4.36
1996	132583	179871	18475	4.96
1997	138610	192165	18880	5.22
1998	145163	206136	19550	5.51
1999	152385	222158	19842	5.91
2000	159617	237849	20981	6.13

注：1. 自2006年起，人均城市道路面积按城区人口和城区暂住人口合计为分母计算，括号内为与往年同口径数据。
　　2. 自2013年开始，不再统计防洪堤长度。

Notes: 1. Since 2006, urban road surface per capita has been calculated based on denominator which combines both permanent and temporary residents in urban areas, and the data in brackets are the same index calculated by the method of past years.
2. Starting from 2013, the data on the length of flood prevention dyke has been unavailable.

1-9-1 续表 continued

年份 Year	道路长度（公里） Length of Roads (km)	道路面积（万平方米） Surface Area of Roads (10000 sq. m)	防洪堤长度（公里） Length of Flood Control Dikes (km)	人均城市道路面积（平方米） Urban Road Surface Area Per Capita (sq. m)
2001	176016	249431	23798	6.98
2002	191399	277179	25503	7.87
2003	208052	315645	29426	9.34
2004	222964	352955	29515	10.34
2005	247015	392166	41269	10.92
2006	241351	411449	38820	11.04(12.36)
2007	246172	423662	32274	11.43
2008	259740	452433	33147	12.21
2009	269141	481947	34698	12.79
2010	294443	521322	36153	13.21
2011	308897	562523	35051	13.75
2012	327081	607449	33926	14.39
2013	336304	644155		14.87
2014	352333	683028		15.34
2015	364978	717675		15.60
2016	382454	753819		15.80
2017	397830	788853		16.05
2018	432231	854268		16.70
2019	459304	909791		17.36
2020	492650	969803		18.04
2021	532476	1053655		18.84
2022	552163	1089330		19.28
2023	564394	1120760		19.72

1-9-2 城市道路和桥梁（2023年）

地区名称 Name of Regions	道路长度 （公里） Length of Roads (km)	建成区 In Built District	道路面积 （万平方米） Surface Area of Roads (10000 sq. m)	人行道面积 Surface Area of Sidewalks	建成区 In Built District
全　　国 National Total	564394.28	497441.75	1120760.25	244422.20	1003600.08
北　　京 Beijing	9027.17		17037.24	3091.99	
天　　津 Tianjin	9826.71	8365.60	19130.39	4382.51	15855.04
河　　北 Hebei	20934.66	20035.74	44422.47	10433.67	42227.84
山　　西 Shanxi	9903.30	9040.92	23140.40	5101.79	21650.46
内 蒙 古 Inner Mongolia	11522.17	9683.75	23278.44	6024.31	21793.91
辽　　宁 Liaoning	24812.24	22126.06	46091.20	12215.59	41926.12
吉　　林 Jilin	11875.47	10200.57	21641.12	4797.48	19477.80
黑 龙 江 Heilongjiang	14434.15	13524.14	23000.23	4849.62	22248.29
上　　海 Shanghai	5965.00	5965.00	12381.00	3104.00	12381.00
江　　苏 Jiangsu	54810.80	46278.30	96381.91	15361.95	82048.74
浙　　江 Zhejiang	34998.63	30193.94	69197.92	15205.10	59691.25
安　　徽 Anhui	20887.82	20230.00	49580.89	10642.37	47707.41
福　　建 Fujian	17372.26	15911.91	34275.16	6711.94	32226.61
江　　西 Jiangxi	14608.88	14214.23	31225.87	6785.22	29822.16
山　　东 Shandong	54280.19	47242.16	110627.46	21818.74	96817.08
河　　南 Henan	21053.01	20196.88	51215.83	11824.79	47420.91
湖　　北 Hubei	26132.46	25628.64	51757.54	12642.77	51217.17
湖　　南 Hunan	19395.26	17765.58	40042.80	9681.59	37676.89
广　　东 Guangdong	57805.80	48331.07	101059.51	19396.84	88159.50
广　　西 Guangxi	16169.86	15593.12	33072.66	6175.76	29225.20
海　　南 Hainan	5289.92	4961.40	8503.10	2620.93	7848.76
重　　庆 Chongqing	12719.41	12307.56	27582.24	8359.76	26888.84
四　　川 Sichuan	30358.50	27959.83	60684.00	15305.83	56169.37
贵　　州 Guizhou	14272.96	10565.68	23713.33	5019.44	19626.49
云　　南 Yunnan	10022.15	9322.37	20909.71	4799.55	19359.54
西　　藏 Xizang	1191.57	857.92	2127.77	725.96	1974.03
陕　　西 Shaanxi	11295.94	9140.72	26437.01	6510.50	23589.38
甘　　肃 Gansu	7313.81	7115.87	15455.78	3705.88	15004.73
青　　海 Qinghai	1700.69	1462.37	4289.65	1054.25	3923.78
宁　　夏 Ningxia	3039.90	2885.04	8412.85	1490.87	7766.91
新　　疆 Xinjiang	9513.57	8687.11	20189.44	3754.54	18616.03
新疆生产建设兵团 Xinjiang Production and Construction Corps	1860.02	1648.27	3895.33	826.66	3258.84

Urban Roads and Bridges(2023)

桥梁数（座）Number of Bridges (unit)	大桥及特大桥 Great Bridge and Grand Bridge	立交桥 Inter-section	道路照明灯盏数（盏）Number of Road Lamps (unit)	安装路灯道路长度（公里）Length of The Road with Street Lamp (km)	地下综合管廊长度（公里）Length of The Utility Tunnel (km)	新建地下综合管廊长度（公里）Length of The New-bwit Utility Tunnel (km)	地区名称 Name of Regions
89300	12360	6748	34817012	439442.62	7796.04	1366.08	全　　国
2486	613	479	319379	8515.00	222.10		北　　京
1328	243	167	439773	9193.52	31.62	0.35	天　　津
2779	445	410	1185156	14716.77	174.75	62.19	河　　北
1493	296	212	594699	7510.37	57.75	7.94	山　　西
577	109	70	638866	7575.40	67.76		内 蒙 古
2176	342	257	1378602	17366.07	118.44	1.15	辽　　宁
1083	235	127	611062	8587.63	217.03	8.88	吉　　林
1219	279	273	717814	10845.36	28.30	2.46	黑 龙 江
3132	3	51	724412	5965.00	106.07	8.39	上　　海
14540	972	409	3987095	42978.82	301.35	16.91	江　　苏
14901	810	197	2000926	26461.17	251.64	248.57	浙　　江
2730	324	380	1320383	17607.34	190.95	7.00	安　　徽
2794	546	113	1203080	11655.43	452.33	30.03	福　　建
1314	209	100	1087407	12232.34	168.72	6.87	江　　西
6226	510	245	2364201	39498.88	964.58	32.13	山　　东
2106	193	226	1170015	15302.06	178.55	174.55	河　　南
2408	477	237	1380077	21737.41	614.96	72.79	湖　　北
1512	466	142	982968	14982.33	207.92	15.16	湖　　南
9889	2229	976	4060788	53984.20	515.16	52.82	广　　东
1310	260	179	877352	9452.08	263.89	58.92	广　　西
252	21	11	182765	2338.86	61.31		海　　南
2841	732	389	966548	11604.97	105.92	54.37	重　　庆
4373	803	343	2212567	25083.18	889.59	142.29	四　　川
1368	432	248	854872	8420.80	72.67	0.27	贵　　州
1403	251	97	884623	8452.76	384.13	76.00	云　　南
65	7	1	37063	617.07	10.62	10.62	西　　藏
1003	240	183	790927	8868.81	576.94	68.38	陕　　西
745	157	106	464630	4905.08	62.89	9.64	甘　　肃
241	3	5	153283	1100.00	124.02	9.60	青　　海
255	34	19	292177	2739.02	47.50		宁　　夏
691	108	95	801299	7895.81	307.65	175.15	新　　疆
60	11	1	132203	1249.08	18.93	12.65	新疆生产建设兵团

四、环境卫生数据
Data by Environmental Health

1-10-1 全国历年城市排水和污水处理情况
National Urban Drainage and Wastewater Treatment in Past Years

年份 Year	排水管道长度 （公里） Length of Drainage Pipelines (km)	污水年排放量 （万立方米） Annual Quantity of Wastewater Discharged (10000 cu. m)	污水处理厂 Wastewater Treatment Plant		污水年处理量 （万立方米） Annual Treatment Capacity (10000 cu. m)	污水处理率 （%） Wastewater Treatment Rate (%)
			座数（座） Number (unit)	处理能力（万立方米/日） Treatment Capacity (10000 cu. m/day)		
1978	19556	1494493	37	64		
1979	20432	1633266	36	66		
1980	21860	1950925	35	70		
1981	23183	1826460	39	85		
1982	24638	1852740	39	76		
1983	26448	2097290	39	90		
1984	28775	2253145	43	146		
1985	31556	2318480	51	154		
1986	42549	963965	64	177		
1987	47107	2490249	73	198		
1988	50678	2614897	69	197		
1989	54510	2611283	72	230		
1990	57787	2938980	80	277		
1991	61601	2997034	87	317	445355	14.86
1992	67672	3017731	100	366	521623	17.29
1993	75207	3113420	108	449	623163	20.02
1994	83647	3030082	139	540	518013	17.10
1995	110293	3502553	141	714	689686	19.69
1996	112812	3528472	309	1153	833446	23.62
1997	119739	3514011	307	1292	907928	25.84
1998	125943	3562912	398	1583	1053342	29.56
1999	134486	3556821	402	1767	1135532	31.93
2000	141758	3317957	427	2158	1135608	34.25

注：1978年至1995年污水处理厂座数及处理能力均为系统内数。

Note: Number of wastewater treatment plants and treatment capacity from 1978 to 1995 are limited to the statistical figure in the building sector.

1-10-1 续表 continued

年 份 Year	排水管道长度 （公里） Length of Drainage Pipelines （km）	污水年排放量 （万立方米） Annual Quantity of Wastewater Discharged （10000 cu. m）	污水处理厂 Wastewater Treatment Plant 座数 （座） Number （unit）	处理能力 （万立方米/日） Treatment Capacity （10000 cu. m/day）	污水年处理量 （万立方米） Annual Treatment Capacity （10000 cu. m）	污水处理率 （%） Wastewater Treatment Rate （%）
2001	158128	3285850	452	3106	1196960	36.43
2002	173042	3375959	537	3578	1349377	39.97
2003	198645	3491616	612	4254	1479932	42.39
2004	218881	3564601	708	4912	1627966	45.67
2005	241056	3595162	792	5725	1867615	51.95
2006	261379	3625281	815	6366	2026224	55.67
2007	291933	3610118	883	7146	2269847	62.87
2008	315220	3648782	1018	8106	2560041	70.16
2009	343892	3712129	1214	9052	2793457	75.25
2010	369553	3786983	1444	10436	3117032	82.31
2011	414074	4037022	1588	11303	3376104	83.63
2012	439080	4167602	1670	11733	3437868	87.30
2013	464878	4274525	1736	12454	3818948	89.34
2014	511179	4453428	1807	13087	4016198	90.18
2015	539567	4666210	1944	14038	4288251	91.90
2016	576617	4803049	2039	14910	4487944	93.44
2017	630304	4923895	2209	15743	4654910	94.54
2018	683485	5211249	2321	16881	4976126	95.49
2019	743982	5546474	2471	17863	5369283	96.81
2020	802721	5713633	2618	19267	5572782	97.53
2021	872283	6250763	2827	20767	6118956	97.89
2022	913508	6389707	2894	21606	6268888	98.11
2023	952483	6604920	2967	22653	6518686	98.69

1-10-2 城市排水和污水处理(2023年)

地区名称 Name of Regions	污水排放量(万立方米) Annual Quantity of Wastewater Discharged (10000 cu. m)	排水管道长度(公里) Length of Drainage Piplines (km)	污水管道 Sewers	雨水管道 Rainwater Drainage Pipeline	雨污合流管道 Combined Drainage Pipeline	建成区 in Built District	污水处理厂 座数(座) Number of Wastewater Treatment Plant (unit)	二级以上 Second Level or Above	处理能力(万立方米/日) Treatment Capacity (10000 cu. m/day)	二级以上 Second Level or Above
全国 National Total	6604920	952483	442586	431629	78268	823306	2967	2777	22652.9	21647.6
北京 Beijing	220290	20585	9648	9475	1462	6617	82	82	721.6	721.6
天津 Tianjin	116522	25253	11605	12449	1199	24871	46	46	351.9	351.9
河北 Hebei	195290	25439	12480	12958		23460	103	99	768.8	744.3
山西 Shanxi	112117	15795	7209	7994	592	14895	53	45	374.6	333.2
内蒙古 Inner Mongolia	68163	15645	8082	6939	624	14354	40	37	245.9	231.4
辽宁 Liaoning	327972	26485	7572	9714	9198	21426	140	95	1119.4	870.3
吉林 Jilin	137372	14531	6070	7093	1369	13236	57	54	495.0	490.3
黑龙江 Heilongjiang	133656	13791	4369	6471	2951	13369	75	75	451.8	451.8
上海 Shanghai	231953	22615	9586	11840	1189	22615	43	43	1022.5	1022.5
江苏 Jiangsu	537519	96045	48335	44010	3700	77926	217	213	1741.9	1707.9
浙江 Zhejiang	416527	65041	33039	31196	806	51491	122	120	1428.7	1425.8
安徽 Anhui	240560	38375	17886	19893	596	35623	101	101	841.1	841.1
福建 Fujian	177497	25664	12053	12841	770	18619	70	66	607.4	572.1
江西 Jiangxi	141284	24679	11386	10778	2516	23625	81	69	473.8	416.3
山东 Shandong	377458	74798	34025	40557	216	69413	236	236	1514.7	1514.7
河南 Henan	285498	38388	16949	18473	2965	36555	128	120	1108.8	1034.8
湖北 Hubei	342650	39806	15391	19142	5272	38601	123	118	1002.7	971.2
湖南 Hunan	271865	28770	11313	12769	4688	27732	101	97	914.0	887.0
广东 Guangdong	975162	150687	76688	56390	17610	114092	357	348	3123.0	3061.2
广西 Guangxi	176620	23271	8602	9741	4928	22935	78	76	526.6	521.6
海南 Hainan	48206	7889	3407	3344	1138	4466	31	27	139.2	122.6
重庆 Chongqing	163822	26464	12582	12625	1258	25815	90	84	478.8	447.3
四川 Sichuan	326795	51451	24262	24602	2588	48235	188	176	1017.0	987.5
贵州 Guizhou	79052	16491	8366	6845	1280	13767	121	121	414.7	414.7
云南 Yunnan	124544	19408	9620	8474	1314	17098	76	69	393.4	370.3
西藏 Xizang	11752	1013	383	342	287	554	12	5	37.0	15.0
陕西 Shaanxi	178563	16113	7263	7754	1095	15285	73	63	596.3	533.1
甘肃 Gansu	50944	9214	4772	3136	1306	8777	30	30	199.0	199.0
青海 Qinghai	20508	4170	2113	1936	121	4017	14	13	73.9	63.9
宁夏 Ningxia	30837	2546	790	630	1126	2428	23	20	139.7	127.9
新疆 Xinjiang	71388	10232	5572	1042	3618	9586	43	24	274.0	191.5
新疆生产建设兵团 Xinjiang Production and Construction Corps	12533	1832	1169	176	488	1821	13	5	56.1	4.1

Urban Drainage and Wastewater Treatment (2023)

Wastewater Treatment Plant				其他污水处理设施 Other Wastewater Treatment Facilities		污水处理总量（万立方米）Total Quantity of Wastewater Treated (10000 cu. m)	市政再生水 Recycled Water			地区名称 Name of Regions
处理量（万立方米）Quantity of Wastewater Treated (10000 cu. m)	二级以上 Second Level or Above	干污泥产生量（吨）Quantity of Dry Sludge Produced (ton)	干污泥处置量（吨）Quantity of Dry Sludge Treated (ton)	处理能力（万立方米/日）Treatment Capacity (10000 cu. m/day)	处理量（万立方米）Quantity of Wastewater Treated (10000 cu. m)		生产能力（万立方米/日）Recycled Water Production Capacity (10000 cu. m/day)	利用量（万立方米）Annual Quantity of Wastewater Recycled and Reused (10000 cu. m)	管道长度（公里）Length of Piplines (km)	
6427213	6143457	15054437	14937525	1036.6	91473	6518686	8595.4	1934104	18215	全　　国
212018	212018	1855604	1855529	21.8	4362	216380	721.6	127697	2317	北　　京
113182	113182	158956	146716	4.0	1175	114357	385.4	49569	2031	天　　津
193866	188737	434887	429111			193866	559.1	108011	969	河　　北
110661	98673	277420	277420			110661	280.6	34037	707	山　　西
67268	62337	250532	250531	5.0	707	67975	205.5	28805	1693	内 蒙 古
318277	241416	486299	453082	24.3	4444	322721	497.5	66575	701	辽　　宁
136509	135152	219087	219087			136509	133.9	31132	103	吉　　林
127029	127029	229660	229660	38.4	2862	129891	59.7	18395	92	黑 龙 江
228195	228195	439177	439177			228195				上　　海
511108	502887	1342120	1341770	185.0	13514	524622	699.7	159986	586	江　　苏
409070	408437	1040344	1031463	8.6	1007	410077	239.3	59434	325	浙　　江
232695	232695	381280	381257	39.6	2291	234986	278.6	69685	384	安　　徽
169453	159924	275992	274774	29.7	5038	174491	299.2	53730	145	福　　建
136462	119507	159594	159068	19.1	3669	140131	3.0	577	2	江　　西
371816	371816	871672	871124	5.7	515	372330	897.3	195515	1500	山　　东
283748	261421	492551	492550			283748	578.5	133907	780	河　　南
322414	312388	552590	549274	79.3	16759	339172	365.3	75390	88	湖　　北
268415	260444	859237	854422	44.1	101	268515	139.1	36706	51	湖　　南
967109	947029	1412459	1383861	41.6	9441	976550	1116.9	400221	653	广　　东
166534	165061	123893	123856	357.0	9062	175596	115.7	32710	61	广　　西
48066	44239	64057	64025	4.3	230	48296	24.1	3452	181	海　　南
162629	153053	302862	301999	2.9	388	163017	33.1	2402	124	重　　庆
303350	295350	542711	542203	102.6	12742	316093	318.9	81556	583	四　　川
78283	78283	133277	133277			78283	37.4	4045	32	贵　　州
121893	116380	171935	171921	19.2	2011	123904	63.0	37163	621	云　　南
11494	4439	17552	17552			11494	0.5	23		西　　藏
172496	157245	1415706	1415515			172496	106.4	48017	580	陕　　西
50113	50113	153400	153099			50113	87.7	11526	460	甘　　肃
19722	18398	38649	31632			19722	19.1	4894	169	青　　海
30512	27527	67512	66097			30512	60.3	15512	456	宁　　夏
70305	48941	245236	239378	4.5	1156	71461	226.4	35417	1716	新　　疆
12522	1143	38188	37095			12522	43.0	8016	106	新疆生产建设兵团

1-11-1 全国历年城市市容环境卫生情况

年份 Year	生活垃圾 Domestic Garbage			
	清运量 （万吨） Quantity of Collected and Transported （10000 tons）	无害化处理场(厂)座数 （座） Number of Harmless Treatment Plants/ Grounds （unit）	无害化处理能力 （吨/日） Harmless Treatment Capacity （ton/day）	无害化处理量 （万吨） Quantity of Harmlessly Treated （10000 tons）
1979	2508	12	1937	
1980	3132	17	2107	215
1981	2606	30	3260	162
1982	3125	27	2847	190
1983	3452	28	3247	243
1984	3757	24	1578	188
1985	4477	14	2071	232
1986	5009	23	2396	70
1987	5398	23	2426	54
1988	5751	29	3254	75
1989	6292	37	4378	111
1990	6767	66	7010	212
1991	7636	169	29731	1239
1992	8262	371	71502	2829
1993	8791	499	124508	3945
1994	9952	609	130832	4782
1995	10671	932	183732	6014
1996	10825	574	155826	5568
1997	10982	635	180081	6292
1998	11302	655	201281	6783
1999	11415	696	237393	7232
2000	11819	660	210175	7255
2001	13470	741	224736	7840
2002	13650	651	215511	7404
2003	14857	575	219607	7545
2004	15509	559	238519	8089
2005	15577	471	256312	8051
2006	14841	419	258048	7873
2007	15215	458	279309	9438
2008	15438	509	315153	10307
2009	15734	567	356130	11220
2010	15805	628	387607	12318
2011	16395	677	409119	13090
2012	17081	701	446268	14490
2013	17239	765	492300	15394
2014	17860	818	533455	16394
2015	19142	890	576894	18013
2016	20362	940	621351	19674
2017	21521	1013	679889	21034
2018	22802	1091	766195	22565
2019	24206	1183	869875	24013
2020	23512	1287	963460	23452
2021	24869	1407	1057064	24839
2022	24445	1399	1109435	24419
2023	25408	1423	1144391	25402

注：1. 1980年至1995年垃圾无害化处理厂，垃圾无害化处理量为垃圾加粪便。
2. 自2006年起，生活垃圾填埋场的统计采用新的认定标准，生活垃圾无害化处理数据与往年不可比。

National Urban Environmental Sanitation in Past Years

粪便清运量 （万吨） Volume of Soil Collected and Transported （10000 tons）	公共厕所 （座） Number of Latrine （unit）	市容环卫专用车辆设备总数 （辆） Number of Vehicles and Equipment Designated for Municipal Environmental Sanitation （unit）	每万人拥有公厕 （座） Number of Latrine per 10000 Population （unit）	年份 Year
2156	54180	5316		1979
1643	61927	6792		1980
1547	54280	7917	3.77	1981
1689	56929	9570	3.99	1982
1641	62904	10836	3.95	1983
1538	64178	11633	3.57	1984
1748	68631	13103	3.28	1985
2710	82746	19832	3.61	1986
2422	88949	21418	3.54	1987
2353	92823	22793	3.14	1988
2603	96536	25076	3.09	1989
2385	96677	25658	2.97	1990
2764	99972	27854	3.38	1991
3002	95136	30026	3.09	1992
3168	97653	32835	2.89	1993
3395	96234	34398	2.69	1994
3066	113461	39218	3.00	1995
2931	109570	40256	3.02	1996
2845	108812	41538	2.95	1997
2915	107947	42975	2.89	1998
2844	107064	44238	2.85	1999
2829	106471	44846	2.74	2000
2990	107656	50467	3.01	2001
3160	110836	52752	3.15	2002
3475	107949	56068	3.18	2003
3576	109629	60238	3.21	2004
3805	114917	64205	3.20	2005
2131	107331	66020	2.88(3.22)	2006
2506	112604	71609	3.04	2007
2331	115306	76400	3.12	2008
2141	118525	83756	3.15	2009
1951	119327	90414	3.02	2010
1963	120459	100340	2.95	2011
1812	121941	112157	2.89	2012
1682	122541	126552	2.83	2013
1552	124410	141431	2.79	2014
1437	126344	165725	2.75	2015
1299	129818	193942	2.72	2016
	136084	228019	2.77	2017
	147466	252484	2.88	2018
	153426	281558	2.93	2019
	165186	306422	3.07	2020
	184063	327512	3.29	2021
	193654	341628	3.43	2022
	201506	362406	3.55	2023

Notes: 1. Quantity of garbage disposed harmlessly from 1980 to 1995 consists of quantity of garbage and soil.
2. Since 2006, treatment of domestic garbage through sanitary landfill has adopted new certification standard, so the datas of harmless treatmented garbage are not compared with the past years.

1-11-2　城市市容环境卫生(2023年)

地区名称 Name of Regions	道路清扫保洁面积(万平方米) Surface Area of Roads Cleaned and Maintained (10000 sq. m)	机械化 Mechanization	生活垃圾							
			清运量(万吨) Collected and Transported (10000 tons)	处理量(万吨) Volume of Treated (10000 tons)	无害化处理厂(场)数(座) Number of Harmless Treatment Plants/Grounds (unit)	卫生填埋 Sanitary Landfill	焚烧 Incineration	其他 other	无害化处理能力(吨/日) Harmless Treatment Capacity (ton/day)	卫生填埋 Sanitary Landfill
全　国 National Total	1126853	921436	25407.76	25402.33	1423	366	696	361	1144391	173880
北　京 Beijing	17804	12531	758.85	758.85	33	4	12	17	28426	1691
天　津 Tianjin	15288	13990	301.92	301.92	22		13	9	20200	
河　北 Hebei	44177	39536	784.40	784.40	40		34	6	36083	
山　西 Shanxi	26415	21769	518.54	518.54	29	11	16	2	22507	3807
内 蒙 古 Inner Mongolia	26162	22134	356.03	356.02	32	23	8	1	15454	7654
辽　宁 Liaoning	49646	29929	1033.48	1029.33	47	18	22	7	38656	11166
吉　林 Jilin	20281	16357	452.58	452.58	44	22	19	3	26070	8940
黑 龙 江 Heilongjiang	27972	22421	523.77	523.77	45	24	17	4	25301	7073
上　海 Shanghai	19903	19903	974.81	974.81	27	1	13	13	42536	5000
江　苏 Jiangsu	77752	73537	2081.73	2081.73	84	10	46	28	87472	6285
浙　江 Zhejiang	64728	54561	1467.75	1467.75	82	1	50	31	81452	144
安　徽 Anhui	53759	48330	771.94	771.94	55	3	30	22	35993	1270
福　建 Fujian	27092	21709	878.89	878.89	38	4	23	11	32895	2250
江　西 Jiangxi	30761	28921	553.34	553.34	30		20	10	23791	
山　东 Shandong	83217	73523	1804.47	1804.47	108	21	63	24	79348	10228
河　南 Henan	57933	50912	1121.15	1121.14	48	10	34	4	49867	4002
湖　北 Hubei	52729	43135	1085.82	1085.82	69	19	35	15	47636	8044
湖　南 Hunan	41552	36116	904.16	904.00	50	25	17	8	40448	15532
广　东 Guangdong	125409	85559	3389.48	3388.81	181	27	79	75	180294	30628
广　西 Guangxi	31510	21216	615.27	615.27	43	18	18	7	31919	8219
海　南 Hainan	9171	7303	317.36	317.36	10		8	2	12250	
重　庆 Chongqing	28252	21157	643.26	643.26	36	13	16	7	29062	5282
四　川 Sichuan	62089	46210	1322.33	1322.33	52	14	27	11	49754	10300
贵　州 Guizhou	21684	20986	461.88	461.88	42	5	22	15	20864	1325
云　南 Yunnan	20828	17944	544.85	544.85	36	15	17	4	21273	4537
西　藏 Xizang	5105	2477	70.87	70.78	8	7	1		2422	1778
陕　西 Shaanxi	26169	23252	715.87	715.87	41	15	11	15	23529	4623
甘　肃 Gansu	15474	13255	282.93	282.93	33	17	10	6	12552	3902
青　海 Qinghai	5358	2744	115.04	114.77	8	7	1		4515	1515
宁　夏 Ningxia	11818	10059	122.77	122.77	11	4	5	2	5783	1423
新　疆 Xinjiang	22112	16648	392.78	392.78	29	19	8	2	14599	5821
新疆生产建设兵团 Xinjiang Production and Construction Corps	4703	3312	39.39	39.35	10	9	1		1441	1441

Urban Environmental Sanitation (2023)

Domestic Garbage						公共厕所 Number of Latrines (座) (unit)	三类以上 Grade Ⅲ and Above	市容环卫专用车辆设备总数 Number of Vehicles and Equipment Designated for Municipal Environmental Sanitation (辆) (unit)	地区名称 Name of Regions
焚烧 Incineration	其他 other	无害化处理量 (万吨) Volume of Harmlessly Treated (10000 tons)	卫生填埋 Sanitary Landfill	焚烧 Incineration	其他 other				
861777	108734	25401.74	1892.56	20954.45	2554.74	201506	173362	362406	全 国
19090	7645	758.85	30.77	545.09	182.99	7122	7122	12291	北 京
18200	2000	301.92		265.96	35.97	5060	4859	5456	天 津
34481	1602	784.40		730.85	53.55	8899	8587	14516	河 北
18100	600	518.54	45.62	458.74	14.18	4635	3395	7642	山 西
7700	100	356.02	152.52	198.86	4.64	6775	5149	7022	内 蒙 古
25670	1820	1029.33	184.10	783.63	61.60	5856	4244	14232	辽 宁
16450	680	452.58	57.52	384.72	10.34	4997	3834	9209	吉 林
17228	1000	523.77	147.23	360.46	16.08	5945	3941	11409	黑 龙 江
23000	14536	974.81		586.85	387.95	7381	2362	10282	上 海
68811	12376	2081.73	1.69	1783.31	296.74	14596	13622	26042	江 苏
72550	8758	1467.75		1245.98	221.77	9227	8227	14810	浙 江
30720	4003	771.94		689.51	82.42	7102	6959	12511	安 徽
27435	3210	878.89	12.36	786.16	80.37	7451	6314	9502	福 建
22450	1341	553.34		520.83	32.52	6626	6626	13091	江 西
63520	5600	1804.47	6.50	1666.20	131.78	10367	9653	22715	山 东
44760	1105	1121.14	58.73	1054.29	8.12	12852	12443	19799	河 南
35956	3636	1085.82	78.06	921.15	86.61	8613	6787	15302	湖 北
21625	3291	904.00	150.49	698.56	54.96	5653	4285	8839	湖 南
132382	17283	3388.81	210.91	2770.77	407.13	13827	13240	35643	广 东
21150	2550	615.27	51.69	521.97	41.62	3658	1944	14460	广 西
11150	1100	317.36		299.07	18.30	1487	1478	15962	海 南
19600	4180	643.26	18.18	503.92	121.16	4831	4199	5003	重 庆
37534	1920	1321.75	93.86	1173.14	54.75	9998	8768	16148	四 川
17500	2039	461.88	11.29	414.46	36.14	5529	4746	6236	贵 州
15011	1725	544.85	85.50	444.36	14.99	7209	7053	6496	云 南
644		70.78	47.29	23.50		938	103	1624	西 藏
15950	2956	715.87	142.11	518.77	54.98	6990	6776	7170	陕 西
7650	1000	282.93	70.79	188.92	23.21	3225	2825	6245	甘 肃
3000		114.77	28.85	85.92		839	722	1693	青 海
3760	600	122.77	9.79	101.58	11.40	1011	925	2738	宁 夏
8700	78	392.78	160.63	223.66	8.49	2436	2046	7368	新 疆
0		39.35	36.09	3.26		371	128	950	新疆生产建设兵团

五、绿色生态数据
Data by Green Ecology

1-12-1 全国历年城市园林绿化情况
National Urban Landscaping in Past Years

计量单位：公顷　　　　　　　　　　　　　　　　　　　　　　　　　　　　　　　　　　Measurement Unit: Hectare

年份 Year	建成区绿化覆盖面积 Built District Green Coverage Area	建成区绿地面积 Built District Area of Green Space	公园绿地面积 Area of Public Recreational Green Space	公园面积 Park Area	人均公园绿地面积（平方米） Public Recreational Green Space Per Capita (sq. m)	建成区绿化覆盖率（%） Green Coverage Rate of Built District (%)	建成区绿地率（%） Green Space Rate of Built District (%)
1981		110037	21637	14739	1.50		
1982		121433	23619	15769	1.65		
1983		135304	27188	18373	1.71		
1984		146625	29037	20455	1.62		
1985		159291	32766	21896	1.57		
1986		153235	42255	30740	1.84	16.9	
1987		161444	47752	32001	1.90	17.1	
1988		180144	52047	36260	1.76	17.0	
1989		196256	52604	38313	1.69	17.8	
1990	246829		57863	39084	1.78	19.2	
1991	282280		61233	41532	2.07	20.1	
1992	313284		65512	45741	2.13	21.0	
1993	354127		73052	48621	2.16	21.3	
1994	396595		82060	55468	2.29	22.1	
1995	461319		93985	72857	2.49	23.9	
1996	493915	385056	99945	68055	2.76	24.43	19.05
1997	530877	427766	107800	68933	2.93	25.53	20.57
1998	567837	466197	120326	73198	3.22	26.56	21.81
1999	593698	495696	131930	77137	3.51	27.58	23.03
2000	631767	531088	143146	82090	3.69	28.15	23.67

注：1. 自2006年起，"公共绿地"统计为"公园绿地"。
　　2. 自2006年起，"人均公共绿地面积"统计为以城区人口和城区暂住人口合计为分母计算的"人均公园绿地面积"，括号内数据约为与往年同口径数据。

Notes: 1. Since 2006, Public Green Space is changed to Public Recreational Green Space.
　　　 2. Since 2006, Public Recreational Green Space Per Capita has been calculated based on denominator which combines both permanent and temporary residents in urban areas, and the data in brackets are the same index but calculated by the method of past years.

1-12-1 续表 continued

年份 Year	建成区绿化覆盖面积 Built District Green Coverage Area	建成区绿地面积 Built District Area of Green Space	公园绿地面积 Area of Public Recreational Green Space	公园面积 Park Area	人均公园绿地面积（平方米） Public Recreational Green Space Per Capita (sq. m)	建成区绿化覆盖率（％） Green Coverage Rate of Built District (％)	建成区绿地率（％） Green Space Rate of Built District (％)
2001	681914	582952	163023	90621	4.56	28.38	24.26
2002	772749	670131	188826	100037	5.36	29.75	25.80
2003	881675	771730	219514	113462	6.49	31.15	27.26
2004	962517	842865	252286	133846	7.39	31.66	27.72
2005	1058381	927064	283263	157713	7.89	32.54	28.51
2006	1181762	1040823	309544	208056	8.3(9.3)	35.11	30.92
2007	1251573	1110330	332654	202244	8.98	35.29	31.30
2008	1356467	1208448	359468	218260	9.71	37.37	33.29
2009	1494486	1338133	401584	235825	10.66	38.22	34.17
2010	1612458	1443663	441276	258177	11.18	38.62	34.47
2011	1718924	1545985	482620	285751	11.80	39.22	35.27
2012	1812488	1635240	517815	306245	12.26	39.59	35.72
2013	1907490	1719361	547356	329842	12.64	39.86	35.93
2014	2017348	1819960	582392	367926	13.08	40.22	36.29
2015	2105136	1907862	614090	383805	13.35	40.12	36.36
2016	2204040	1992584	653555	416881	13.70	40.30	36.43
2017	2314378	2099120	688441	444622	14.01	40.91	37.11
2018	2419918	2197122	723740	494228	14.11	41.11	37.34
2019	2522931	2285207	756441	502360	14.36	41.51	37.63
2020	2637533	2398085	797912	538477	14.78	42.06	38.24
2021	2732400	2492509	835659	647962	14.87	42.42	38.70
2022	2820978	2579720	868508	672753	15.29	42.96	39.29
2023	2878982	2654062	893521	692020	15.65	43.32	39.94

1-12-2　城市园林绿化(2023年)

地区名称 Name of Regions	绿化覆盖面积 （公顷） Green Coverage Area (hectare)	建成区 Built District	绿地面积 （公顷） Area of Green Space (hectare)
全 国 National Total	4079500	2878982	3652372
北 京 Beijing	99636	99636	94136
天 津 Tianjin	52263	49039	48521
河 北 Hebei	128085	106558	106281
山 西 Shanxi	64188	55777	59447
内 蒙 古 Inner Mongolia	78182	53695	72081
辽 宁 Liaoning	224941	116372	153046
吉 林 Jilin	107387	66914	100250
黑 龙 江 Heilongjiang	84051	70817	77567
上 海 Shanghai	177737	46980	173256
江 苏 Jiangsu	356351	220095	322475
浙 江 Zhejiang	211314	153526	184888
安 徽 Anhui	151696	116253	135328
福 建 Fujian	94559	84560	86898
江 西 Jiangxi	90651	85981	83027
山 东 Shandong	322515	252538	288644
河 南 Henan	164940	150094	145488
湖 北 Hubei	138436	127208	123065
湖 南 Hunan	102762	90044	102211
广 东 Guangdong	605282	295257	557540
广 西 Guangxi	95486	78067	84866
海 南 Hainan	21508	17981	20558
重 庆 Chongqing	86909	74592	78248
四 川 Sichuan	164525	150058	145165
贵 州 Guizhou	119531	50986	101459
云 南 Yunnan	63336	56517	57524
西 藏 Xizang	7579	7193	7141
陕 西 Shaanxi	90242	67121	81278
甘 肃 Gansu	37952	35838	33923
青 海 Qinghai	9808	9181	9076
宁 夏 Ningxia	28170	20627	26790
新 疆 Xinjiang	86781	59615	80126
新疆生产建设兵团 Xinjiang Production and Construction Corps	12698	9863	12071

注：本表中北京市的各项绿化数据均为该市调查面积内数据。

Urban Landscaping(2023)

建成区 Built District	公园绿地 面　积 （公顷） Area of Public Recreational Green Space （hectare）	公园个数 （个） Number of Parks （unit）	门票免费 Free Parks	公园面积 （公顷） Park Area （hectare）	地区名称 Name of Regions
2654062	893521	28137	27581	692020	全　　国
94136	37238	612	577	36397	北　　京
45390	11620	181	177	3503	天　　津
98177	32489	1049	1029	23625	河　　北
52502	17872	344	331	16074	山　　西
49910	18667	723	714	15650	内　蒙　古
111052	32804	819	791	23426	辽　　宁
61133	18209	511	509	13696	吉　　林
65393	20434	506	492	13621	黑　龙　江
45901	23497	552	543	4440	上　　海
203068	60645	1504	1418	36332	江　　苏
139003	49316	2130	2080	30749	浙　　江
105389	34202	851	847	23509	安　　徽
78147	23088	769	759	15919	福　　建
79885	20902	1020	1015	17539	江　　西
232624	77143	1522	1487	49144	山　　东
133508	46814	886	863	24151	河　　南
117557	38016	800	781	24040	湖　　北
82440	25800	797	789	19690	湖　　南
275459	122091	6408	6364	168245	广　　东
70177	16558	512	497	15770	广　　西
16989	4262	212	206	3421	海　　南
69500	28889	641	631	16770	重　　庆
133083	44546	1064	1042	28176	四　　川
48738	15308	462	457	15862	贵　　州
51868	15116	1547	1476	13597	云　　南
6872	1697	167	167	1338	西　　藏
60539	19256	502	500	12334	陕　　西
32697	11354	240	236	7892	甘　　肃
8468	2786	72	71	1854	青　　海
19774	6810	168	167	3902	宁　　夏
55298	13450	348	347	8889	新　　疆
9384	2641	218	218	2465	新疆生产建设兵团

Note：All the greening-related data for Beijing Municipality in the table are those for the areas surveyed in the city.

县 城 部 分

Statistics for County Seats

一、综合数据
General Data

2-1-1 全国历年县城市政公用设施水平
Level of Service Facilities of National County Seat in Past Years

年份 Year	供水普及率 (%) Water Coverage Rate (%)	燃气普及率 (%) Gas Coverage Rate (%)	人均道路面积 (平方米) Road Surface Area Per Capita (sq. m)	污水处理率 (%) Wastewater Treatment Rate (%)	园林绿化 人均公园绿地面积 (平方米) Public Recreational Green Space Per Capita (sq. m)	园林绿化 建成区绿化覆盖率 (%) Green Coverage Rate of Built District (%)	园林绿化 建成区绿地率 (%) Green Space Rate of Built District (%)	每万人拥有公厕 (座) Number of Public Lavatories per 10000 Persons (unit)
2000	84.83	54.41	11.20	7.55	5.71	10.86	6.51	2.21
2001	76.45	44.55	8.51	8.24	3.88	13.24	9.08	3.54
2002	80.53	49.69	9.37	11.02	4.32	14.12	9.78	3.53
2003	81.57	53.28	9.82	9.88	4.83	15.27	10.79	3.59
2004	82.26	56.87	10.30	11.23	5.29	16.42	11.65	3.54
2005	83.18	57.80	10.80	14.23	5.67	16.99	12.26	3.46
2006	76.43	52.45	10.30	13.63	4.98	18.70	14.01	2.91
2007	81.15	57.33	10.70	23.38	5.63	20.20	15.41	2.90
2008	81.59	59.11	11.21	31.58	6.12	21.52	16.90	2.90
2009	83.72	61.66	11.95	41.64	6.89	23.48	18.37	2.96
2010	85.14	64.89	12.68	60.12	7.70	24.89	19.92	2.94
2011	86.09	66.52	13.42	70.41	8.46	26.81	22.19	2.80
2012	86.94	68.50	14.09	75.24	8.99	27.74	23.32	2.09
2013	88.14	70.91	14.86	78.47	9.47	29.06	24.76	2.77
2014	88.89	73.24	15.39	82.12	9.91	29.80	25.88	2.76
2015	89.96	75.90	15.98	85.22	10.47	30.78	27.05	2.78
2016	90.50	78.19	16.41	87.38	11.05	32.53	28.74	2.82
2017	92.87	81.35	17.18	90.21	11.86	34.60	30.74	2.93
2018	93.80	83.85	17.73	91.16	12.21	35.17	31.21	3.13
2019	95.06	86.47	18.29	93.55	13.10	36.64	32.54	3.28
2020	96.66	89.07	18.92	95.05	13.44	37.58	33.55	3.51
2021	97.42	90.32	19.68	96.11	14.01	38.30	34.38	3.75
2022	97.86	91.38	20.31	96.94	14.50	39.35	35.65	3.95
2023	98.27	92.45	21.07	97.66	15.06	40.19	36.53	4.15

注：1. 自2006年起，人均和普及率指标按县城人口和县城暂住人口合计为分母计算，以公安部门的户籍统计和暂住人口统计为准。
    2. "人均公园绿地面积"指标2005年及以前年份为"人均公共绿地面积"。

Notes: 1. Since 2006, figures in terms of per capita and coverage rate have been calculated based on denominater which combines both permanent and temporary residents in county seat areas. And the population should come from statistics of police.
    2. Since 2005, Public Green Space Per Capita is changed to be Public Recreational Green Space Per Capita.

2-1-2 全国县城市政公用设施水平(2023年)

地区名称 Name of Regions	人口密度 (人/平方公里) Population Density (person/sq. km)	人均日生活用水量(升) Daily Water Consumption Per Capita (liter)	供水普及率(%) Water Coverage Rate (%)	公共供水普及率 Public Water Coverage Rate	燃气普及率(%) Gas Coverage Rate (%)	建成区供水管道密度(公里/平方公里) Density of Water Supply Pipelines in Built District (km/sq. km)	人均道路面积(平方米) Road Surface Area Per Capita (sq. m)	建成区路网密度(公里/平方公里) Road in Built District (km/sq. km)
全 国 National Total	2146	142.53	98.27	96.95	92.45	12.93	21.07	7.25
河 北 Hebei	2777	106.15	100.00	99.65	98.61	11.52	25.90	9.13
山 西 Shanxi	3599	100.54	95.72	90.84	83.30	13.16	17.37	7.69
内 蒙 古 Inner Mongolia	826	115.32	98.57	97.81	93.14	12.25	35.15	6.96
辽 宁 Liaoning	1408	135.07	97.79	96.54	90.24	12.74	16.92	4.70
吉 林 Jilin	2290	120.54	97.45	97.08	88.97	10.88	19.06	6.12
黑 龙 江 Heilongjiang	2707	111.01	97.99	97.89	65.76	11.11	15.67	7.40
江 苏 Jiangsu	2165	181.45	100.00	99.83	100.00	14.92	23.46	6.67
浙 江 Zhejiang	901	249.89	100.00	100.00	100.00	21.78	26.13	9.47
安 徽 Anhui	1863	157.35	98.44	95.95	96.92	14.38	25.73	6.70
福 建 Fujian	2402	204.24	99.88	99.73	99.13	17.91	21.76	8.95
江 西 Jiangxi	3589	172.53	98.05	97.93	97.67	18.94	27.93	7.67
山 东 Shandong	1375	116.72	99.02	95.50	98.16	7.70	23.20	6.19
河 南 Henan	2583	117.46	98.19	94.58	96.53	8.56	19.22	5.86
湖 北 Hubei	2986	168.04	97.97	97.67	98.10	15.13	21.05	7.25
湖 南 Hunan	3821	165.27	98.27	97.99	95.64	15.82	15.58	7.26
广 东 Guangdong	1567	170.80	97.82	97.82	96.26	15.10	14.80	6.17
广 西 Guangxi	2672	182.20	99.84	98.55	99.39	14.47	22.25	9.31
海 南 Hainan	1815	290.09	99.16	99.13	97.14	6.81	36.83	5.10
重 庆 Chongqing	2331	154.13	99.72	99.72	99.08	14.15	13.74	7.66
四 川 Sichuan	1489	138.40	97.41	97.04	91.01	13.27	15.42	6.67
贵 州 Guizhou	2413	128.22	97.46	96.48	84.75	14.41	22.23	8.96
云 南 Yunnan	3810	139.91	97.56	96.80	63.93	14.86	21.14	8.41
西 藏 Xizang	2705	147.79	87.42	79.12	58.66	9.27	17.55	5.37
陕 西 Shaanxi	3843	111.53	98.20	96.28	94.20	8.82	17.61	7.85
甘 肃 Gansu	5380	84.27	97.92	97.64	79.00	10.10	15.49	6.29
青 海 Qinghai	2105	91.28	95.61	95.61	65.32	9.92	21.88	7.38
宁 夏 Ningxia	3775	117.41	99.87	99.75	77.01	9.97	24.07	6.96
新 疆 Xinjiang	3269	160.33	96.96	96.80	97.44	10.14	24.25	6.73

Level of National County Seat Service Facilities (2023)

建成区道路面积率（%） Road Surface Area Rate of Built District (%)	建成区排水管道密度（公里/平方公里） Density of Sewers in Built District (km/sq. km)	污水处理率（%） Wastewater Treatment Rate (%)	污水处理厂集中处理率 Centralized Treatment Rate of Wastewater Treatment Plants	人均公园绿地面积（平方米） Public Recreational Green Space Per Capita (sq. m)	建成区绿化覆盖率（%） Green Coverage Rate of Built District (%)	建成区绿地率（%） Green Space Rate of Built District (%)	生活垃圾处理率（%） Domestic Garbage Treatment Rate (%)	生活垃圾无害化处理率 Domestic Garbage Harmless Treatment Rate	地区名称 Name of Regions
13.98	11.26	97.66	97.08	15.06	40.19	36.53	99.90	99.57	全　　国
18.28	10.62	98.88	98.88	14.34	42.74	39.02	100.00	100.00	河　　北
14.84	11.60	98.26	97.89	12.86	40.88	36.57	99.90	98.19	山　　西
15.07	8.77	98.43	98.43	23.51	37.76	35.27	99.99	99.99	内 蒙 古
8.04	6.03	102.08	102.08	13.76	24.77	20.70	99.63	99.63	辽　　宁
11.65	10.69	98.83	98.83	18.61	40.09	37.03	100.00	100.00	吉　　林
9.04	8.40	97.13	97.13	14.93	36.29	32.92	100.00	100.00	黑 龙 江
13.62	12.96	94.89	94.89	15.66	43.00	40.18	100.00	100.00	江　　苏
16.43	16.96	98.14	97.98	16.81	44.68	40.40	100.00	100.00	浙　　江
15.45	12.66	97.05	96.92	16.35	41.55	38.15	100.00	100.00	安　　徽
14.93	15.79	97.62	96.78	17.69	44.02	40.44	100.00	100.00	福　　建
14.86	14.12	96.32	94.44	19.72	43.41	39.27	100.00	100.00	江　　西
13.24	10.81	98.34	98.34	17.18	42.23	38.57	100.00	100.00	山　　东
13.66	10.03	98.82	98.81	13.31	40.57	35.81	99.86	97.17	河　　南
14.60	11.37	96.98	96.98	15.23	41.35	38.27	100.00	100.00	湖　　北
12.90	10.90	96.73	96.56	11.82	39.82	36.32	99.98	99.98	湖　　南
10.83	7.62	97.41	97.41	13.28	37.97	34.98	100.00	100.00	广　　东
16.33	13.62	98.60	93.27	13.23	38.90	34.38	100.00	100.00	广　　西
10.93	5.44	108.92	100.77	10.55	37.43	32.88	100.00	100.00	海　　南
14.13	18.17	99.88	99.88	16.83	44.62	41.55	100.00	100.00	重　　庆
13.47	10.97	96.10	93.60	14.74	40.79	36.52	99.92	99.92	四　　川
14.68	10.44	97.37	97.37	16.05	39.98	38.10	99.63	99.63	贵　　州
16.16	17.82	98.48	98.46	14.44	43.15	39.48	100.00	100.00	云　　南
6.63	7.94	65.82	64.84	1.51	6.38	4.20	97.00	97.00	西　　藏
13.29	9.89	96.88	96.87	12.30	38.26	33.95	99.83	99.83	陕　　西
11.45	10.70	98.40	98.40	14.13	33.38	29.50	99.98	99.98	甘　　肃
12.80	9.95	93.91	93.91	7.84	27.80	24.14	96.39	96.39	青　　海
14.87	9.06	99.82	99.82	17.73	39.93	38.45	100.00	100.00	宁　　夏
11.49	7.16	99.01	99.00	17.56	42.18	38.55	99.97	99.97	新　　疆

2-2-1 按行业分全国历年县城市政公用设施建设固定资产投资

计量单位：亿元

年份 Year	本年固定资产投资总额 Completed Investment of This Year	供水 Water Supply	燃气 Gas Supply	集中供热 Central Heating	公共交通 Public Transport	轨道交通 Rail Transit System	道路桥梁 Road and Bridge
2001	337.4	23.6	6.2	8.3	10.0		117.2
2002	412.2	28.1	10.5	13.2	10.6		152.9
2003	555.7	38.8	13.9	18.5	11.8		228.3
2004	656.8	44.4	15.1	24.3	12.3		246.7
2005	719.1	53.4	21.9	29.8	14.1		285.1
2006	730.5	44.3	24.1	28.9	10.3		319.1
2007	812.0	42.3	26.9	42.4	17.7		358.1
2008	1146.1	48.2	35.7	58.5	18.3		532.1
2009	1681.4	78.2	37.0	72.9			690.3
2010	2569.8	88.1	67.2	124.2			1132.1
2011	2859.6	127.6	112.7	155.7			1393.4
2012	3984.7	146.6	137.3	167.8			1934.7
2013	3833.6	164.9	182.3	223.4			1923.5
2014	3572.9	172.6	158.1	187.6			1908.4
2015	3099.8	156.4	112.6	171.0			1663.9
2016	3394.5	160.7	123.1	180.7			1805.8
2017	3634.2	226.3	121.0	194.1			1603.3
2018	3026.0	144.1	103.5	158.6		16.3	1185.0
2019	3076.7	168.1	136.2	133.8		11.1	1312.2
2020	3884.3	232.2	79.7	129.8		14.6	1399.6
2021	4087.2	255.2	75.6	161.0		9.7	1470.6
2022	4290.8	289.4	84.5	177.3		1.9	1518.6
2023	4140.2	273.1	126.2	154.0		5.2	1529.1

注：1. 自2009年开始，全国县城市政公用设施建设固定资产投资中不再包括公共交通固定资产投资。
2. 自2013年开始，全国县城市政公用设施建设固定资产投资中不再包括防洪固定资产投资。

National Fixed Assets Investment of County Seat Service Facilities by Industry in Past Years

Measurement Unit: 100 million RMB

排 水 Sewerage	污水处理及其再生利用 Wastewater Treatment and reused	防 洪 Flood Control	园林绿化 Landscaping	市容环境卫生 Environmental Sanitation	垃圾处理 Garbage Treatment	地下综合管廊 Utility Tunnel	其 他 Other	年 份 Year
20.4	5.3	11.8	18.2	6.9	1.6		114.9	2001
33.0	12.9	13.7	22.0	10.6	3.9		117.7	2002
44.6	16.1	17.5	30.5	14.9	7.0		136.6	2003
52.5	17.2	19.1	41.0	14.7	4.5		186.7	2004
63.5	24.6	20.4	45.0	17.0	5.4		169.8	2005
72.1	37.0	11.6	46.2	42.2	7.6		132.4	2006
107.1	67.2	17.5	76.0	29.2	16.4		94.9	2007
141.2	80.8	26.4	174.1	37.2	23.2		74.4	2008
305.7	225.7	42.1	222.8	94.7	62.9		137.6	2009
271.1	165.7	45.8	373.6	121.9	83.4		345.9	2010
201.6	108.8	49.3	445.7	172.2	67.2		201.5	2011
229.6	105.0	69.8	581.4	274.6	136.0		442.8	2012
276.1	114.9		587.4	97.3	44.2		378.7	2013
296.1	139.2		521.0	97.4	36.0		231.9	2014
265.8	113.3		480.8	74.0	31.6		175.3	2015
263.0	114.6		500.7	115.9	52.4	22.9	221.8	2016
383.9	104.7		630.6	114.9	53.5	73.5	286.6	2017
367.7	168.0		558.7	134.6	72.2	45.2	312.3	2018
366.6	176.0		482.5	127.3	83.3	46.9	292.1	2019
560.9	306.2		568.2	267.4	199.5	36.9	594.9	2020
636.0	325.9		364.5	269.8	206.9	30.0	814.7	2021
771.7	319.3		352.5	222.5	160.6	33.3	839.0	2022
779.5	311.2		282.5	171.3	105.7	26.5	792.7	2023

Notes: 1. Starting from 2009, the national fixed assets investment in the construction of municipal public utilities facilities no longer include the fixed assets investment in public transport.
2. Starting from 2013, the national fixed assets investment in the construction of municipal public utilities facilities no longer include the fixed assets investment in flood prevention.

2-2-2 按行业分全国县城市政公用设施建设固定资产投资(2023年)

计量单位:万元

地区名称 Name of Regions	本年完成投资 Completed Investment of This Year	供 水 Water Supply	燃 气 Gas Supply	集中供热 Central Heating	轨道交通 Rail Transit System	道路桥梁 Road and Bridge	地下综合管廊 Utility Tunnel
全 国 National Total	41401940	2731062	1262344	1539937	52261	15290860	264951
河 北 Hebei	2356816	87881	55322	186506	511	907264	10904
山 西 Shanxi	1283947	34289	33047	102594		686911	
内 蒙 古 Inner Mongolia	487354	48557	14758	81967	2429	138658	
辽 宁 Liaoning	144930	21664	10475	11830		28252	
吉 林 Jilin	187477	20914	2117	6031		78529	
黑 龙 江 Heilongjiang	381563	78557	8411	35252		39681	
江 苏 Jiangsu	943791	87657	31407	7013		367096	
浙 江 Zhejiang	1965552	67155	28784	6546		795059	8883
安 徽 Anhui	3167916	295665	71979	6506		1606739	
福 建 Fujian	1570738	142980	39834		4400	560640	17422
江 西 Jiangxi	3563697	254915	110111		35	1623849	3962
山 东 Shandong	2302514	76459	18795	224256		675214	29421
河 南 Henan	1883224	114160	29601	72725		598373	1880
湖 北 Hubei	2412269	174457	102734	625		572993	36520
湖 南 Hunan	1233036	128281	22135			778739	6297
广 东 Guangdong	431378	74204	6738		10826	167259	
广 西 Guangxi	1071394	58577	27926			574099	444
海 南 Hainan	226228	75516	975			69564	
重 庆 Chongqing	729777	36990	51411	1200		336096	2600
四 川 Sichuan	3931312	145056	184823	39820		1766492	24667
贵 州 Guizhou	2553946	130011	60149	350	18825	566718	28630
云 南 Yunnan	2151283	100109	82730		172	605094	1100
西 藏 Xizang	179523	24213		65079		41223	4355
陕 西 Shaanxi	3141568	174507	130230	127754	4363	964550	66555
甘 肃 Gansu	1625792	102636	55378	305862		484215	20217
青 海 Qinghai	104855	7443	2247	17668		30068	994
宁 夏 Ningxia	129463	677	1280	23467		33580	30
新 疆 Xinjiang	1240597	167532	78947	216886	10700	193905	70

National Investment in Fixed Assets of County Seat Service Facilities by Industry (2023)

Measurement Unit: 10000 RMB

排水 Sewerage	污水处理 Wastewater Treatment	污泥处置 Sludge Disposal	再生水利用 Wastewater Recycled and Reused	园林绿化 Landscaping	市容环境卫生 Environmental Sanitation	垃圾处理 Domestic Garbage Treatment	其他 Other	本年新增固定资产 Newly Added Fixed Assets of This Year	地区名称 Name of Regions
7795131	2995757	65145	115745	2824847	1713332	1056971	7927215	23477295	全 国
501132	110017	3212	9750	246991	138094	62343	222211	1132594	河 北
182286	85734		7505	43106	9742	4833	191972	686066	山 西
86644	42338	1941	3717	40017	11854	8441	62470	166133	内 蒙 古
48289	2699			700	15539	14782	8181	34933	辽 宁
49332	27156			3935	581	332	26038	98362	吉 林
175239	37801			8649	8245	7013	27529	143480	黑 龙 江
255692	149361	1200	406	47570	13061	4716	134295	282316	江 苏
260598	154226	978		215194	28946	23530	554387	1144184	浙 江
543255	184934	210	19986	246285	201921	115310	195566	1292234	安 徽
266204	114281	578	1370	53784	99195	91967	386279	632627	福 建
678148	260879	16648	3101	160788	226011	70658	505878	2291342	江 西
738471	100787		11579	307727	5717	4139	226454	1474991	山 东
359909	124976	3300	8966	470155	102527	54234	133894	1576804	河 南
440971	243168	3000		128759	144492	127632	810718	1168545	湖 北
136275	96700	15060		23541	18223	13519	119545	254963	湖 南
71420	28315			1069	3940	2155	95922	260636	广 东
176873	63189	12		66449	68777	50831	98249	629938	广 西
42257	28543	4500		1043	8	8	36865	58048	海 南
61562	28622		10	61495	9797	4858	168626	687363	重 庆
1074616	322693	2112	775	163845	115318	49083	416675	3031622	四 川
171798	85527	8	1	42945	54387	46874	1480133	1221448	贵 州
322281	155593		2020	158876	63356	52771	817565	1452540	云 南
16069	5121			923	11033	9437	16628	164878	西 藏
738659	352558	2575	13876	215065	172960	85068	546925	1238725	陕 西
227304	114181	4483	21055	55560	96762	83122	277858	1302321	甘 肃
10882	4114			8501	1928	790	25124	75188	青 海
32127	6770		1539	7180	11152	6589	19970	47520	宁 夏
126838	65474	5328	10089	44695	79766	61936	321258	927494	新 疆

2-3-1　按资金来源分全国历年县城市政公用设施建设固定资产投资

计量单位：亿元

年份 Year	本年资金来源合计 Completed Investment of This Year	上年末结余资金 The Balance of The Previous Year	本年资金来源		
			小 计 Subtotal	中央财政拨款 Financial Allocation From Central Government Budget	地方财政拨款 Financial Allocation From Local Government Budget
2001	306.4	7.6	298.8	13.7	47.4
2002	377.1	4.2	372.9	19.7	74.2
2003	518.1	6.8	511.3	30.2	101.6
2004	619.2	7.3	611.9	20.6	133.4
2005	682.8	9.5	673.3	25.1	170.1
2006	755.2	16.9	738.3	54.8	255.4
2007	833.0	13.1	819.8	34.5	346.7
2008	1126.7	16.3	1110.4	52.5	520.4
2009	1682.9	20.8	1662.1	107.0	662.0
2010	2559.8	34.3	2525.5	325.5	985.8
2011	2872.6	31.7	2840.9	152.4	1523.8
2012	3887.7	51.7	3835.9	205.0	2073.7
2013	3683.0	60.7	3622.2	135.8	1070.7
2014	3690.4	63.2	3627.2	111.8	968.5
2015	3011.2	52.8	2958.4	121.7	930.7
2016	3190.9	30.7	3160.2	120.6	1074.4
2017	3610.8	86.6	3524.2	107.0	1035.3
2018	3222.3	102.6	3119.6	132.0	797.0
2019	3900.5	148.0	3752.5	169.3	892.6
2020	4371.0	210.6	4160.4	252.2	1135.1
2021	4929.7	323.1	4606.5	300.2	1036.9
2022	4681.0	371.4	4309.6	180.1	1024.1
2023	4493.6	253.8	4239.8	204.4	974.9

注：1. 自2013年起，"本年资金来源合计"为"本年实际到位资金合计"。
　　2. 自2013年起，"中央财政拨款"为"中央预算资金"，"地方财政拨款"为除"中央预算资金"外的"国家预算资金"合计。

National Fixed Assets Investment of County Seat Service Facilities by Capital Source in Past Years

Measurement Unit: 100 million RMB

国内贷款 Domestic Loan	债券 Securities	利用外资 Foreign Investment	自筹资金 Self-Raised Funds	其他资金 Other Funds	年份 Year
33.2	1.5	23.4	116.1	63.5	2001
46.3	1.2	12.6	149.5	69.4	2002
69.0	1.6	25.1	202.2	81.7	2003
84.1	2.2	38.7	222.1	110.7	2004
76.9	2.2	39.9	247.3	111.9	2005
89.6	1.5	26.2	234.2	76.6	2006
88.1	2.2	26.3	240.3	81.8	2007
107.6	1.4	28.0	297.0	103.5	2008
298.6	11.7	32.9	385.5	164.4	2009
332.6	4.1	44.3	606.6	226.6	2010
278.0	3.2	31.8	644.6	207.2	2011
318.1	2.3	85.0	877.2	274.7	2012
277.2	7.7	56.1	1610.4	464.3	2013
315.5	4.1	23.3	1767.7	436.3	2014
222.2	5.1	33.1	1233.3	412.2	2015
221.6	14.0	19.0	1339.4	371.3	2016
378.9	32.9	21.2	1372.3	576.5	2017
171.5	38.4	16.8	1307.4	656.4	2018
174.6	92.1	32.0	1457.7	934.1	2019
224.0	406.7	29.0	1169.9	943.6	2020
311.0	503.2	39.3	1359.8	1055.9	2021
208.2	710.8	37.6	1231.6	917.2	2022
257.4	764.1	8.8	1179.1	851.2	2023

Notes: 1. Since 2013, Completed Investment of This Year is changed to The Total Funds Actually Available for The Reported Year.
2. Since 2013, Financial Allocation from Central Government Budget is changed to Central Budgetary Fund, and Financial Allocation from Local Government Budget is State Budgetary Fund excluding Central Budgetary Fund.

2-3-2 按资金来源分全国县城市政公用设施建设固定资产投资(2023年)

计量单位:万元

地区名称 Name of Regions	本市实际到位资金合计 The Total Funds Actually Available for The Reported Year	上年末结余资金 The Balance of The Previous Year	本年资金来源			
			小 计 Subtotal	国家预算资金 State Budgetary Fund	中央预算资金 Central Budgetary Fund	国内贷款 Domestic Loan
全 国 National Total	44936224	2538161	42398063	11792663	2044120	2573502
河 北 Hebei	2577714	54400	2523314	862408	75943	14635
山 西 Shanxi	875786	9140	866646	372178	10060	13961
内 蒙 古 Inner Mongolia	462884	63795	399089	237191	66858	7262
辽 宁 Liaoning	170711	3797	166914	35238	8212	11150
吉 林 Jilin	172882	8031	164851	10247	10001	
黑 龙 江 Heilongjiang	410687	31372	379315	177261	53353	1700
江 苏 Jiangsu	897269	27100	870169	318474		3169
浙 江 Zhejiang	2088492	249090	1839402	490988	35691	21003
安 徽 Anhui	3321707	26024	3295683	1591075	20432	136345
福 建 Fujian	1619304	51401	1567903	587641	15613	64508
江 西 Jiangxi	4048137	235194	3812943	1047872	31177	517163
山 东 Shandong	2737160	15770	2721390	926097	42890	29929
河 南 Henan	1997550	64720	1932830	799886	97762	260499
湖 北 Hubei	2807583	181463	2626120	343891	120315	197122
湖 南 Hunan	1545422	44720	1500702	170783	38264	191827
广 东 Guangdong	465925	28068	437857	74085	7593	
广 西 Guangxi	1029971	39393	990578	402668	25573	85484
海 南 Hainan	224926	28303	196623	63383	3300	6000
重 庆 Chongqing	884300	71135	813165	263680	68134	69511
四 川 Sichuan	4151219	252182	3899037	578157	247093	590733
贵 州 Guizhou	3228200	172585	3055615	427701	149445	158473
云 南 Yunnan	2197137	280599	1916538	366719	135923	56317
西 藏 Xizang	327602	82131	245471	209792	186143	
陕 西 Shaanxi	3203275	182277	3020998	722742	150191	30850
甘 肃 Gansu	1715121	121123	1593998	207977	122232	105861
青 海 Qinghai	188772	34512	154260	125980	60791	
宁 夏 Ningxia	97285	499	96786	33862	18221	
新 疆 Xinjiang	1489203	179337	1309866	344687	242910	

National Investment in Fixed Assets of County Seat Service Facilities by Capital Source(2023)

Measurement Unit: 10000 RMB

Sources of Fund				各项应付款	地区名称
债　券 Securities	利用外资 Foreign Investment	自筹资金 Self-Raised Funds	其他资金 Other Funds	Sum Payable This Year	Name of Regions
7641361	**87562**	**11790566**	**8512409**	**5910383**	全　　国
1093004		334143	219124	312676	河　　北
94386	4450	187131	194540	478372	山　　西
56115		65501	33020	87888	内　蒙　古
75891		26689	17946	3030	辽　　宁
145255		1506	7843	70901	吉　　林
139659		33161	27534	62408	黑　龙　江
51522		111737	385267	87729	江　　苏
55415		883503	388493	103461	浙　　江
176871	2791	987710	400891	500477	安　　徽
318254		420653	176847	258890	福　　建
581966	6840	743455	915647	268653	江　　西
274621		1065675	425068	228241	山　　东
155878	2900	528659	185008	359092	河　　南
245092	23700	1199065	617250	431526	湖　　北
403350	4217	615963	114562	29805	湖　　南
300608	910	14399	47855	99589	广　　东
54971		295029	152426	143984	广　　西
70410		12080	44750	4442	海　　南
113827		330504	35643	51122	重　　庆
896105	16400	467452	1350190	364765	四　　川
150839		1301646	1016956	643138	贵　　州
429856		381214	682432	568535	云　　南
16121		7610	11948	1009	西　　藏
362402	16450	1228482	660072	396475	陕　　西
629212		412376	238572	256317	甘　　肃
16400		1772	10108	10014	青　　海
32506		9807	20611	40304	宁　　夏
700825	8904	123644	131806	47540	新　　疆

二、居民生活数据
Data by Residents Living

2-4-1 全国历年县城供水情况

年份 Year	综合生产能力（万立方米/日）Integrated Production Capacity (10000 cu. m/day)	供水管道长度（公里）Length of Water Supply Pipelines (km)	供水总量（万立方米）Total Quantity of Water Supply (10000 cu. m)	生活用量 Residential Use
2000	3662	70046	593588	310331
2001	3754	77316	577948	327081
2002	3705	78315	567915	338689
2003	3400	87359	606189	363311
2004	3680	92867	653814	395181
2005	3862	98980	676548	409045
2006	4207	113553	746892	407389
2007	5744	131541	794495	448943
2008	5976	142507	826300	459866
2009	4775	148578	856291	484644
2010	4683	159905	925705	509266
2011	5174	173452	977115	534918
2012	5446	186500	1020298	565835
2013	5239	194465	1038662	584759
2014	5437	203514	1063270	600436
2015	5769	214736	1069191	612383
2016	5421	211355	1064966	609171
2017	6443	234466	1128373	636403
2018	7415	242537	1145082	660469
2019	6304	258602	1190883	697214
2020	6451	272990	1190206	718585
2021	6945	278522	1219928	734577
2022	6920	293456	1261942	764822
2023	7138	314426	1302912	789228

注：自2006年起，供水普及率指标按城区人口和城区暂住人口合计为分母计算。

National County Seat Water Supply in Past Years

用水人口 (万人) Population with Access to Water Supply (10000 persons)	人 均 日 生活用水量 (升) Daily Water Consumption Per Capita (liter)	供 水 普及率 (%) Water Coverage Rate (%)	年份 Year
6931.2	122.7	84.83	2000
6889.2	130.1	76.45	2001
7145.7	129.9	80.53	2002
7532.9	132.1	81.57	2003
7931.1	136.5	82.26	2004
8342.2	134.3	83.18	2005
9093.4	122.7	76.43	2006
10218.7	120.4	81.15	2007
10628.4	119.4	81.59	2008
11200.7	118.6	83.72	2009
11811.4	118.9	85.14	2010
12345.0	118.7	86.09	2011
12971.0	119.5	86.94	2012
13456.0	119.1	88.14	2013
13913.4	118.2	88.89	2014
14048.3	119.4	89.96	2015
13974.9	119.4	90.50	2016
14508.9	120.2	92.87	2017
14722.5	122.9	93.80	2018
15082.0	126.7	95.06	2019
15316.7	128.5	96.66	2020
15252.2	132.0	97.42	2021
15275.2	137.2	97.86	2022
15170.2	142.5	98.27	2023

Note: Since 2006, water coverage rate has been calculated based on denominator which combines both permanent and temporary residents in urban areas, and the datas of brackets are the same index but calculated by the method of past years.

2-4-2 县城供水(2023年)

地区名称 Name of Regions	综合生产能力 （万立方米/日） Integrated Production Capacity (10000 cu. m/day)	地下水 Underground Water	供水管道长度 （公里） Length of Water Supply Pipelines (km)	建成区 in Built District	供水总量 （万立方米） Total Quantity of Water Supply (10000 cu. m)
全 国 National Total	7137.95	1487.22	314425.76	275528.15	1302911.61
河 北 Hebei	390.85	143.02	17200.95	16418.68	69547.69
山 西 Shanxi	180.23	127.10	11422.74	9393.45	34459.92
内 蒙 古 Inner Mongolia	152.45	150.24	13111.73	12370.56	29940.27
辽 宁 Liaoning	96.11	16.03	5591.06	4870.67	18757.94
吉 林 Jilin	51.08	14.16	2690.90	2616.81	10830.85
黑 龙 江 Heilongjiang	102.56	85.45	6136.93	5956.51	18829.93
江 苏 Jiangsu	299.17	15.31	13777.09	11095.13	62389.92
浙 江 Zhejiang	411.86	0.14	24092.37	14170.43	79219.33
安 徽 Anhui	440.35	92.56	21206.28	19682.71	90819.97
福 建 Fujian	287.28	3.07	11102.32	10093.58	51735.57
江 西 Jiangxi	472.31	13.20	23192.43	21814.53	77968.35
山 东 Shandong	470.38	193.85	13366.31	12366.96	89148.00
河 南 Henan	641.83	240.35	17481.52	16461.42	101149.54
湖 北 Hubei	247.29	6.50	9809.15	9116.23	42238.60
湖 南 Hunan	514.54	21.03	23193.54	20057.28	106952.50
广 东 Guangdong	279.50	14.18	12438.29	10015.62	53949.48
广 西 Guangxi	264.37	22.94	9979.67	9876.13	53216.91
海 南 Hainan	154.24	9.64	2441.63	1154.20	10685.43
重 庆 Chongqing	82.75		2668.84	2640.99	15307.35
四 川 Sichuan	464.61	19.49	20126.51	17781.55	96043.09
贵 州 Guizhou	255.61	12.26	13543.31	12821.98	43520.79
云 南 Yunnan	285.85	7.75	12652.30	10823.95	43244.51
西 藏 Xizang	42.53	23.66	1780.25	1570.56	5510.06
陕 西 Shaanxi	173.94	90.57	6868.37	5627.75	29105.55
甘 肃 Gansu	100.29	39.22	5649.10	5159.63	18216.15
青 海 Qinghai	38.29	8.71	2161.97	2017.30	6073.83
宁 夏 Ningxia	51.56	27.78	2000.13	1920.93	9085.40
新 疆 Xinjiang	186.12	89.01	8740.07	7632.61	34964.68

County Seat Water Supply (2023)

生产运营用水 The Quantity of Water for Production and Operation	公共服务用水 The Quantity of Water for Public Service	居民家庭用水 The Quantity of Water for Household Use	其他用水 The Quantity of Water for Other Purposes	用水户数（户）Number of Households with Access to Water Supply (unit)	家庭用户 Household User	用水人口（万人）Population with Access to Water Supply (10000 persons)	地区名称 Name of Regions
266642.49	**122339.84**	**658845.26**	**68833.59**	**60070040**	**52891437**	**15170.19**	全　　国
15431.97	5814.55	34165.71	3481.92	3811373	3400434	1044.06	河　　北
7527.44	4693.56	17551.51	1173.91	1766769	1602922	612.29	山　　西
5402.33	4046.08	14772.12	1481.27	2295525	2040079	450.23	内　蒙　古
2504.62	1451.82	8048.53	1546.94	1178651	1001815	194.14	辽　　宁
1364.75	1168.06	5428.07	398.34	905046	817722	151.63	吉　　林
1959.55	1999.35	10906.52	366.62	1777000	1547595	322.09	黑　龙　江
15273.40	5971.10	27605.43	3935.44	2683424	2348668	515.91	江　　苏
23508.04	6638.44	34814.47	3457.93	2996102	2610546	455.35	浙　　江
23494.76	7708.13	44511.87	3839.39	3996312	3563476	910.95	安　　徽
7239.10	5850.59	26744.25	2505.31	2158124	1878989	438.16	福　　建
16591.14	5795.77	36324.78	7932.42	3747035	3278549	673.85	江　　西
34792.28	6857.04	36620.96	4096.67	2839795	2623184	1022.34	山　　东
21619.66	11973.72	50879.37	5542.50	4590637	4258516	1480.26	河　　南
7344.12	3317.17	22701.47	1380.32	1794948	1572719	432.55	湖　　北
17800.49	10112.36	56678.76	4091.76	4091294	3421145	1131.36	湖　　南
9478.88	3404.60	28760.85	3671.43	1882386	1615690	519.25	广　　东
10303.43	5164.10	29297.15	1340.14	1776654	1585799	519.98	广　　西
2654.39	1172.67	5060.51	417.64	192149	160700	58.97	海　　南
979.00	2037.51	8684.51	1279.95	971289	852898	191.12	重　　庆
15252.24	7777.92	51737.02	6474.23	5068614	4436534	1196.89	四　　川
4778.25	1712.52	27712.63	1742.80	2495502	2081084	630.32	贵　　州
6957.79	4369.83	24048.93	1629.54	1966762	1719702	567.14	云　　南
265.07	473.16	2779.24	229.18	217862	191413	78.28	西　　藏
4723.62	3489.52	17449.88	880.90	1320171	1144350	515.97	陕　　西
2325.75	2432.40	10695.85	724.22	1134871	998124	427.65	甘　　肃
716.75	976.77	2957.04	503.78	362046	311808	118.42	青　　海
2273.77	1480.21	3846.30	495.24	557699	478260	124.66	宁　　夏
4079.90	4450.89	18061.53	4213.80	1492000	1348716	386.37	新　　疆

2-4-3 县城供水(公共供水)(2023年)

地区名称 Name of Regions	综合生产能力 (万立方米/日) Integrated Production Capacity (10000 cu. m/day)	地下水 Underground Water	水厂个数 (个) Number of Water Plants (unit)	地下水 Underground Water	供水管道长度 (公里) Length of Water Supply Pipelines (km)	供水总量(万立方米) 合计 Total	售水量 小计 Subtotal	生产运营用水 The Quantity of Water for Production and Operation
全 国 National Total	6313.83	1047.72	2433	764	304057.43	1211734.17	1025483.74	208195.21
河 北 Hebei	363.50	116.73	163	77	16735.34	65029.96	54376.42	11456.44
山 西 Shanxi	127.79	87.00	123	98	9842.54	28700.84	25187.34	4417.96
内 蒙 古 Inner Mongolia	129.50	127.55	111	108	12579.17	25640.51	21402.04	2757.71
辽 宁 Liaoning	85.41	8.33	33	10	5137.06	16784.58	11578.55	1750.87
吉 林 Jilin	46.63	9.78	20	9	2577.48	10436.84	7965.21	1180.45
黑 龙 江 Heilongjiang	94.26	77.16	59	50	5946.99	18264.16	14666.27	1504.65
江 苏 Jiangsu	273.20	4.70	22		13382.04	57316.41	47711.86	11971.21
浙 江 Zhejiang	393.70		54		23990.35	78314.26	67513.81	23035.97
安 徽 Anhui	394.69	54.69	81	18	20446.68	81547.10	70281.28	16707.09
福 建 Fujian	278.38	2.80	74	7	11053.73	51099.71	41703.39	6744.14
江 西 Jiangxi	446.85	1.00	97	1	22757.25	77854.53	66530.29	16523.01
山 东 Shandong	358.95	110.70	118	45	12381.81	68649.99	61868.94	18783.81
河 南 Henan	535.08	153.06	142	75	16298.86	81604.56	70470.27	11551.68
湖 北 Hubei	238.89	6.00	66		9766.11	41893.68	34398.16	7158.58
湖 南 Hunan	501.05	14.70	106	7	22556.27	105588.52	87319.39	17247.71
广 东 Guangdong	266.10	6.00	58	1	12289.29	53867.66	45233.94	9435.55
广 西 Guangxi	239.04	10.32	79	5	9878.95	49243.51	42131.42	7178.72
海 南 Hainan	54.90		14		2362.53	9965.22	8585.00	2154.18
重 庆 Chongqing	82.75		38		2668.84	15307.35	12980.97	979.00
四 川 Sichuan	443.78	11.96	196	10	19786.06	92912.30	78110.62	12958.39
贵 州 Guizhou	249.24	10.42	142	13	13508.31	42891.23	35316.64	4775.45
云 南 Yunnan	198.53	3.15	177	10	12476.57	42344.88	36106.46	6650.51
西 藏 Xizang	25.69	15.14	78	44	1519.95	4959.85	3196.44	211.81
陕 西 Shaanxi	129.40	64.63	130	58	6111.32	24875.14	22313.51	2568.34
甘 肃 Gansu	95.73	35.67	90	37	5513.37	17786.89	15748.96	2132.78
青 海 Qinghai	37.79	8.21	42	8	2154.97	5987.31	5067.82	634.23
宁 夏 Ningxia	48.34	25.76	23	11	1905.92	8140.15	7150.27	1739.11
新 疆 Xinjiang	174.66	82.26	97	62	8429.67	34727.03	30568.47	3985.86

County Seat Water Supply(Public Water Suppliers)(2023)

Total Quantity of Water Supply(10000cu. m)					用水户数		用水人口	地区名称
Water Sold			免费供水量	生活用水	(户)	居民家庭	(万人)	
公共服务用水 The Quantity of Water for Public Service	居民家庭用水 The Quantity of Water for Household Use	其他用水 The Quantity of Other Purposes	The Quantity of Free Water Supply	Domestic Water Use	Number of Households with Access to Water Supply (unit)	Households	Population with Access to Water Supply (10000 persons)	Name of Regions
111722.02	**642515.08**	**63051.43**	**35136.85**	**8043.37**	**58870927**	**51989466**	**14966.22**	全　　国
5552.86	33950.23	3416.89	1947.69	470.82	3791913	3385197	1040.45	河　　北
3913.08	15965.99	890.31	636.34	224.91	1574685	1426941	581.07	山　　西
3418.05	14097.25	1129.03	744.02	133.12	2273430	2027997	446.77	内　蒙　古
1224.94	7638.53	964.21	568.20	70.81	1121265	949459	191.66	辽　　宁
1112.32	5321.97	350.47	668.76	75.30	900163	813263	151.05	吉　　林
1928.67	10900.02	332.93	980.37	144.47	1759552	1534601	321.74	黑　龙　江
5556.16	26431.37	3753.12	1370.24	592.61	2675941	2342726	515.02	江　　苏
6205.44	34814.47	3457.93	1460.94	79.06	2995992	2610546	455.35	浙　　江
7134.31	43290.52	3149.36	973.16	98.83	3921026	3496673	887.96	安　　徽
5809.63	26649.30	2500.32	2321.23	69.51	2155286	1877063	437.48	福　　建
5778.47	36296.48	7932.33	1706.98	313.88	3710970	3246092	673.02	江　　西
5851.20	34203.00	3030.93	372.59	78.36	2732585	2536252	985.99	山　　东
7702.00	47338.34	3878.25	2479.24	609.18	4370815	4075283	1425.84	河　　南
3301.47	22583.99	1354.12	2494.37	512.13	1782229	1562521	431.22	湖　　北
9737.16	56263.86	4070.66	5318.92	1456.97	3968028	3407951	1128.09	湖　　南
3384.02	28760.85	3653.52	521.51	205.02	1842917	1615690	519.25	广　　东
4975.24	28711.37	1266.09	913.67	118.54	1752613	1561967	513.29	广　　西
1052.67	4960.51	417.64	87.70	10.80	175594	144451	58.95	海　　南
2037.51	8684.51	1279.95	225.92	30.12	971289	852898	191.12	重　　庆
7583.19	51156.88	6412.16	3078.84	945.05	5021977	4397597	1192.39	四　　川
1707.68	27206.11	1627.40	375.99	74.56	2477442	2064147	623.99	贵　　州
4244.67	23674.14	1537.14	2079.86	543.30	1959115	1713870	562.71	云　　南
399.72	2383.47	201.44	1329.98	970.30	189106	166386	70.84	西　　藏
2978.06	16005.35	761.76	538.15	64.51	1234376	1072278	505.87	陕　　西
2332.71	10570.35	713.12	362.67	26.11	1130895	994335	426.42	甘　　肃
976.77	2957.04	499.78	360.74	11.55	362046	311808	118.42	青　　海
1403.23	3739.00	268.93	159.19	15.90	533071	457002	124.51	宁　　夏
4420.79	17960.18	4201.64	1059.58	97.65	1486606	1344472	385.75	新　　疆

2-4-4 县城供水(自建设施供水)(2023年)

地区名称 Name of Regions	综合生产能力 (万立方米/日) Integrated Production Capacity (10000 cu. m/day)	地下水 Underground Water	供水管道长度 (公里) Length of Water Supply Pipelines (km)	建成区 in Built District	供水总量(万立方米) 合计 Total	生产运营用水 The Quantity of Water for Production and Operation
全 国 National Total	824.12	439.50	10368.33	7370.39	91177.44	58447.28
河 北 Hebei	27.35	26.29	465.61	414.61	4517.73	3975.53
山 西 Shanxi	52.44	40.10	1580.20	1026.83	5759.08	3109.48
内 蒙 古 Inner Mongolia	22.95	22.69	532.56	245.76	4299.76	2644.62
辽 宁 Liaoning	10.70	7.70	454.00	422.00	1973.36	753.75
吉 林 Jilin	4.45	4.38	113.42	113.42	394.01	184.30
黑 龙 江 Heilongjiang	8.30	8.29	189.94	149.24	565.77	454.90
江 苏 Jiangsu	25.97	10.61	395.05	344.02	5073.51	3302.19
浙 江 Zhejiang	18.16	0.14	102.02	7.00	905.07	472.07
安 徽 Anhui	45.66	37.87	759.60	508.90	9272.87	6787.67
福 建 Fujian	8.90	0.27	48.59	8.84	635.86	494.96
江 西 Jiangxi	25.46	12.20	435.18	25.56	113.82	68.13
山 东 Shandong	111.43	83.15	984.50	726.73	20498.01	16008.47
河 南 Henan	106.75	87.29	1182.66	901.00	19544.98	10067.98
湖 北 Hubei	8.40	0.50	43.04	20.00	344.92	185.54
湖 南 Hunan	13.49	6.33	637.27	619.77	1363.98	552.78
广 东 Guangdong	13.40	8.18	149.00	8.70	81.82	43.33
广 西 Guangxi	25.33	12.62	100.72	100.72	3973.40	3124.71
海 南 Hainan	99.34	9.64	79.10	79.10	720.21	500.21
重 庆 Chongqing						
四 川 Sichuan	20.83	7.53	340.45	214.05	3130.79	2293.85
贵 州 Guizhou	6.37	1.84	35.00	30.43	629.56	2.80
云 南 Yunnan	87.32	4.60	175.73	164.91	899.63	307.28
西 藏 Xizang	16.84	8.52	260.30	231.60	550.21	53.26
陕 西 Shaanxi	44.54	25.94	757.05	466.58	4230.41	2155.28
甘 肃 Gansu	4.56	3.55	135.73	129.01	429.26	192.97
青 海 Qinghai	0.50	0.50	7.00	7.00	86.52	82.52
宁 夏 Ningxia	3.22	2.02	94.21	94.21	945.25	534.66
新 疆 Xinjiang	11.46	6.75	310.40	310.40	237.65	94.04

County Seat Water Supply (Suppliers with Self-Built Facilities) (2023)

Total Quantity of Water Supply (10000cu. m)			用水户数（户）		用水人口（万人）	地区名称
公共服务用水 The Quantity of Water for Public Service	居民家庭用水 The Quantity of Water for Household Use	其他用水 The Quantity of Water for Other Purposes	Number of Households with Access to Water Supply (unit)	居民家庭 Households	Population with Access to Water Supply (10000 persons)	Name of Regions
10617.82	16330.18	5782.16	1199113	901971	203.97	全　　国
261.69	215.48	65.03	19460	15237	3.61	河　　北
780.48	1585.52	283.60	192084	175981	31.22	山　　西
628.03	674.87	352.24	22095	12082	3.46	内　蒙　古
226.88	410.00	582.73	57386	52356	2.48	辽　　宁
55.74	106.10	47.87	4883	4459	0.58	吉　　林
70.68	6.50	33.69	17448	12994	0.35	黑　龙　江
414.94	1174.06	182.32	7483	5942	0.89	江　　苏
433.00			110			浙　　江
573.82	1221.35	690.03	75286	66803	22.99	安　　徽
40.96	94.95	4.99	2838	1926	0.68	福　　建
17.30	28.30	0.09	36065	32457	0.83	江　　西
1005.84	2417.96	1065.74	107210	86932	36.35	山　　东
4271.72	3541.03	1664.25	219822	183233	54.42	河　　南
15.70	117.48	26.20	12719	10198	1.33	湖　　北
375.20	414.90	21.10	123266	13194	3.27	湖　　南
20.58		17.91	39469			广　　东
188.86	585.78	74.05	24041	23832	6.69	广　　西
120.00	100.00		16555	16249	0.02	海　　南
						重　　庆
194.73	580.14	62.07	46637	38937	4.50	四　　川
4.84	506.52	115.40	18060	16937	6.33	贵　　州
125.16	374.79	92.40	7647	5832	4.43	云　　南
73.44	395.77	27.74	28756	25027	7.44	西　　藏
511.46	1444.53	119.14	85795	72072	10.10	陕　　西
99.69	125.50	11.10	3976	3789	1.23	甘　　肃
		4.00				青　　海
76.98	107.30	226.31	24628	21258	0.15	宁　　夏
30.10	101.35	12.16	5394	4244	0.62	新　　疆

2-5-1　全国历年县城节约用水情况

年　份 Year	计划用水量 （万立方米） Planned Quantity of Water Use (10000 cu. m)	新水取用量 （万立方米） Fresh Water Used (10000 cu. m)
2000	115591	109069
2001	161795	133634
2002	110702	91610
2003	120551	94938
2004	123176	98004
2005	155933	118727
2006		122700
2007		127318
2008		122275
2009		139735
2010		157563
2011		119923
2012		180603
2013		136223
2014		140966
2015		126923
2016		115707
2017		106174
2018		111385
2019		140990
2020		188350
2021		163019
2022		176670
2023		236099

注：自2006年起，不统计计划用水量指标。

National County Seat Water Conservation in Past Years

工业用水 重复利用量 （万立方米） Quantity of Industrial Water Recycled (10000 cu. m)	节约用水量 （万立方米） Water Saved (10000 cu. m)	年份 Year
95763	20322	2000
24206	28161	2001
26321	19092	2002
24815	25613	2003
25790	25163	2004
32852	37206	2005
32523	21546	2006
99648	22675	2007
53278	20480	2008
130864	23135	2009
133337	35963	2010
95932	26165	2011
52051	30853	2012
159152	22286	2013
164833	30029	2014
173337	32419	2015
165369	23086	2016
167080	24873	2017
189581	26618	2018
169218	28609	2019
104108	48132	2020
126908	49765	2021
162746	54399	2022
209531	38891	2023

Note: From 2006, "Planned Quantity of Water Use" has not been counted.

2-5-2 县城节约用水(2023年)

计量单位:万立方米

地区名称 Name of Regions	计划用水户数（户） Planned Water Consumers (households)	自备水计划用水户数 Planned Self-produced Water Consumers	计划用水户实际用水量		新水取水量		重复利用量 Water Reused
			合计 Total	工业 Industry	Fresh Water Used	工业 Industry	
全 国 National Total	1213275	33788	467570	286143	236099	76612	231471
河 北 Hebei							
山 西 Shanxi	210426	4972	12645	3294	10762	2114	1883
内 蒙 古 Inner Mongolia	129862	78	23396	11263	21404	9544	1993
辽 宁 Liaoning	85	75	274	220	166	112	108
吉 林 Jilin	349	60	1074	353	1027	306	47
黑 龙 江 Heilongjiang	16794	32	411	208	387	184	25
江 苏 Jiangsu	1765	201	35442	20761	20017	6154	15425
浙 江 Zhejiang	3089	328	26813	19264	10838	8003	15976
安 徽 Anhui	7	7	262	262	160	160	102
福 建 Fujian	12880		748	0	748	0	
江 西 Jiangxi	35158	147	61438	8334	59378	7509	2060
山 东 Shandong	5257	1130	160362	146510	26373	16561	133989
河 南 Henan	32631	11218	24162	10443	19034	6903	5128
湖 北 Hubei	1401		2770	83	2620	83	150
湖 南 Hunan	29972	4951	15749	3741	13375	3266	2374
广 东 Guangdong	84633	1002	8611	381	8463	339	148
广 西 Guangxi							
海 南 Hainan	3774	49	5454	2800	5444	2790	10
重 庆 Chongqing	372	4	2415	974	2098	813	317
四 川 Sichuan	343975	278	14884	4147	13289	3514	1595
贵 州 Guizhou	939	458	20871	13872	3971	1054	16900
云 南 Yunnan	124913	5267	4537	1723	3552	1082	986
西 藏 Xizang	200	200	15		15		
陕 西 Shaanxi	87510	1112	40799	36167	8980	4783	31819
甘 肃 Gansu	60244	2196	2128	232	1694	229	434
青 海 Qinghai							
宁 夏 Ningxia	24788	13	1306	953	1306	953	
新 疆 Xinjiang	2251	10	1003	156	1000	156	3

County Seat Water Conservation (2023)

Measurement Unit: 10000m³

Industry (Actual Quantity of Water Used)	Water Quantity Consumed in Excess of Quota	Reuse Rate (%)	Industry	Water Saved	Industry	Total Investment in Water-Saving Measures (10000 RMB)	Name of Regions
209531	1699	49.51	73.23	38891	23161	111901	全　国
							河　北
1181	112	14.89	35.84	772	239	423	山　西
1719	303	8.52	15.26	640	86	17253	内　蒙古
108		39.53	49.16	111	111	380	辽　宁
47		4.42	13.43	134	48	77	吉　林
25		5.96	11.76	23	7		黑　龙江
14607		43.52	70.36	9206	8317	17746	江　苏
11261	76	59.58	58.46	1815	1281	1757	浙　江
102		38.77	38.77	102	102	20	安　徽
	55			130			福　建
825		3.35	9.90	1676	501	7257	江　西
129949	12	83.55	88.70	6628	4485	41499	山　东
3540	847	21.22	33.90	5684	3583	3021	河　南
		5.42		3			湖　北
475	8	15.07	12.70	498	341	2884	湖　南
42	0	1.72	11.04	40	31	75	广　东
							广　西
10		0.18	0.36	33	5	121	海　南
161	23	13.14	16.52	405	150	9855	重　庆
633	33	10.72	15.26	1782	415	95	四　川
12818	62	80.97	92.40	5476	393	633	贵　州
640	93	21.72	37.17	376	311	1028	云　南
							西　藏
31384	54	77.99	86.78	2773	2513	7521	陕　西
3	6	20.40	1.29	48	8	56	甘　肃
							青　海
	14			485	236	200	宁　夏
			0.30	52			新　疆

2-6-1 全国历年县城燃气情况
National County Seat Gas in Past Years

年份 Year	人工煤气 Man-Made Coal Gas				天然气 Natural Gas			
	供气总量（亿立方米）Total Gas Supplied (100 million cu. m)	居民家庭 Households	用气人口（万人）Population with Access to Gas (10000 persons)	管道长度（公里）Length of Gas Supply Pipeline (km)	供气总量（亿立方米）Total Gas Supplied (100 million cu. m)	居民家庭 Households	用气人口（万人）Population with Access to Gas (10000 persons)	管道长度（公里）Length of Gas Supply Pipeline (km)
2000	1.72	1.63	73.10	615	3.31	2.25	237	5268
2001	2.14	1.85	89.85	424	4.37	2.71	274	6400
2002	1.19	1.13	68.30	493	6.36	3.30	316	7398
2003	0.73	0.60	51.33	519	7.67	4.16	361	8397
2004	1.80	1.51	81.91	551	10.97	5.43	437	9881
2005	3.04	2.01	127.35	830	18.12	5.83	519	12602
2006	1.26	0.49	54.58	745	16.47	7.11	780	17487
2007	1.44	0.51	58.52	1158	24.45	7.01	943	21882
2008	2.68	1.84	72.22	1426	23.26	9.00	1123	27110
2009	1.78	0.97	69.12	1459	32.16	13.79	1404	34214
2010	4.06	1.03	69.97	1520	39.98	17.09	1835	42156
2011	9.51	1.14	66.53	1458	53.87	22.83	2414	52450
2012	8.57	1.08	53.58	1255	70.14	28.11	2926	66697
2013	7.65	2.24	63.15	1345	81.58	31.55	3555	77122
2014	8.49	2.12	56.05	1542	92.65	34.50	4165	88862
2015	8.21	2.29	55.50	1376	102.60	37.97	4715	106466
2016	7.18	1.03	60.08	1366	105.70	39.25	5096	105966
2017	7.41	1.38	65.65	1296	137.96	48.00	6186	126539
2018	6.22	3.31	68.90	1869	171.04	57.61	6848	144314
2019	3.62	1.69	70.20	2671	201.87	67.21	7520	167650
2020	4.17	1.92	69.50	2761	214.53	72.13	8170	186244
2021	4.42	2.23	69.91	2743	253.64	79.82	8679	206014
2022	3.96	1.90	57.01	2289	273.64	87.15	9194	225873
2023	1.36	0.43	22.27	768	299.84	91.47	9654	254143

2-6-1 续表 continued

年 份 Year	液化石油气 LPG				燃气普及率 (%) Gas Coverage Rate
	供气总量 (万吨) Total Gas Supplied (10000 tons)	居民家庭 Households	用气人口 (万人) Population with Access to Gas (10000 persons)	管道长度 (公里) Length of Gas Supply Pipeline (km)	
2000	110.84	98.23	2723	96	54.41
2001	127.55	109.90	3653	674	44.55
2002	142.42	124.23	4025	760	49.69
2003	174.45	140.17	4508	1033	53.28
2004	188.94	156.37	4961	1172	56.87
2005	185.90	147.10	5151	1203	57.80
2006	195.04	147.07	5405	1728	52.45
2007	203.22	158.60	6217	2355	57.33
2008	202.14	160.60	6504	2899	59.11
2009	212.58	171.00	6776	3136	61.66
2010	218.50	174.97	7098	3053	64.89
2011	242.17	205.23	7058	2594	66.52
2012	256.94	212.13	7241	2773	68.50
2013	241.07	196.89	7208	2236	70.91
2014	235.32	198.38	7242	2538	73.24
2015	230.01	192.99	7081	2068	75.90
2016	219.22	184.36	6919	1579	78.19
2017	215.48	183.50	6458	1504	81.35
2018	214.06	181.31	6243	1829	83.85
2019	217.10	177.81	6128	1865	86.47
2020	199.54	170.15	5874	1461	89.07
2021	190.75	163.47	5391	2317	90.32
2022	187.38	156.61	5013	1386	91.38
2023	189.69	155.26	4595	1721	92.45

2-6-2 县城人工煤气(2023年)

地区名称 Name of Regions	生产能力 （万立方米/日） Production Capacity (10000 cu. m/day)	储气能力 （万立方米） Gas Storage Capacity (10000 cu. m)	供气管道长度 （公里） Length of Gas Supply Pipeline (km)	自制气量 （万立方米） Self-Produced Gas (10000 cu. m)	合 计 Total
全 国 National Total		200.50	768.26		13574.71
河 北 Hebei		7.00	768.26		13245.76
山 西 Shanxi					
内 蒙 古 Inner Mongolia					328.52
辽 宁 Liaoning					
吉 林 Jilin					
黑 龙 江 Heilongjiang					
江 苏 Jiangsu					
浙 江 Zhejiang					
安 徽 Anhui					
福 建 Fujian					
江 西 Jiangxi					
山 东 Shandong					
河 南 Henan					
湖 北 Hubei					
湖 南 Hunan					
广 东 Guangdong					
广 西 Guangxi					
海 南 Hainan					
重 庆 Chongqing					
四 川 Sichuan					
贵 州 Guizhou					
云 南 Yunnan		193.50			0.43
西 藏 Xizang					
陕 西 Shaanxi					
甘 肃 Gansu					
青 海 Qinghai					
宁 夏 Ningxia					
新 疆 Xinjiang					

County Seat Man-Made Coal Gas (2023)

供气总量(万立方米) Total Gas Supplied (10000 cu. m)		燃气损失量 Loss Amount	用气户数 (户) Number of Households with Access to Gas (unit)	居民家庭 Households	用气人口 (万人) Population with Access to Gas (10000 persons)	地区名称 Name of Regions
销售气量 Quantity Sold	居民家庭 Households					
13497.71	4271.71	77.00	83779	81873	22.27	全　国
13197.27	3971.57	48.49	74941	74115	19.72	河　北
						山　西
300.02	300.02	28.50	1400	1400	0.30	内 蒙 古
						辽　宁
						吉　林
						黑 龙 江
						江　苏
						浙　江
						安　徽
						福　建
						江　西
						山　东
						河　南
						湖　北
						湖　南
						广　东
						广　西
						海　南
						重　庆
						四　川
						贵　州
0.42	0.12	0.01	7438	6358	2.25	云　南
						西　藏
						陕　西
						甘　肃
						青　海
						宁　夏
						新　疆

2-6-3 县城天然气(2023年)

地区名称 Name of Regions	储气能力 (万立方米) Gas Storage Capacity (10000 cu. m)	供气管道长度 (公里) Length of Gas Supply Pipeline (km)	供气总量(万立方米)			
			合 计 Total	销售气量 Quantity Sold	居民家庭 Households	集中供热 Central Heating
全 国 National Total	17452.18	254142.70	2998378.86	2953266.67	914715.46	174484.14
河 北 Hebei	1103.50	27644.24	293090.21	288079.94	108669.59	31060.77
山 西 Shanxi	546.93	14108.32	182672.97	179970.52	52779.12	19660.51
内 蒙 古 Inner Mongolia	1117.01	5517.98	74298.99	72997.94	15193.31	7786.19
辽 宁 Liaoning	191.81	3112.41	68323.93	67819.15	11062.14	302.09
吉 林 Jilin	138.55	1635.61	12543.05	12359.71	4341.96	368.85
黑 龙 江 Heilongjiang	390.56	1981.92	13888.09	13634.22	4762.49	1311.70
江 苏 Jiangsu	636.88	10435.97	130300.63	128563.87	38384.02	500.00
浙 江 Zhejiang	742.60	10077.56	187594.66	186774.36	15071.54	
安 徽 Anhui	714.04	15877.28	234397.49	228194.56	47894.38	
福 建 Fujian	678.86	6356.76	56916.89	56269.23	9393.27	
江 西 Jiangxi	1175.93	10960.89	153280.03	151850.83	29608.76	1082.30
山 东 Shandong	787.77	21798.89	306904.01	304060.65	76170.25	10646.63
河 南 Henan	879.74	17724.69	199041.82	195666.51	84450.33	6238.80
湖 北 Hubei	346.35	12254.78	54434.34	53635.18	24348.10	110.34
湖 南 Hunan	2057.41	14531.87	100680.29	99346.51	46534.31	
广 东 Guangdong	470.18	4370.37	43649.98	43390.21	9760.99	357.00
广 西 Guangxi	299.33	2816.34	24146.84	24012.72	6491.80	
海 南 Hainan	124.64	899.64	6108.22	6068.70	692.29	
重 庆 Chongqing	72.19	3023.72	32485.15	31463.03	20178.70	480.82
四 川 Sichuan	369.82	34551.06	242900.40	235461.47	135901.44	73.13
贵 州 Guizhou	619.01	5169.66	53205.94	52833.00	11257.82	30.14
云 南 Yunnan	582.19	4082.92	30033.50	29762.64	3582.78	
西 藏 Xizang						
陕 西 Shaanxi	2196.54	11497.51	165257.71	163416.33	64448.04	44188.51
甘 肃 Gansu	407.19	2719.54	63973.18	63245.42	15370.72	12621.76
青 海 Qinghai	86.30	1016.40	38204.43	37691.07	11778.63	11540.60
宁 夏 Ningxia	62.47	2408.80	57837.37	56934.17	15258.99	3150.60
新 疆 Xinjiang	654.38	7567.57	172208.74	169764.73	51329.69	22973.40

County Seat Natural Gas (2023)

Total Gas Supplied (10000 cu. m)		用气户数	居民家庭	用气人口	天然气汽车加气站	地区名称
燃气汽车 Gas-Powered Automobiles	燃气损失量 Loss Amount	(户) Number of Household with Access to Gas (unit)	Households	(万人) Population with Access to Gas (10000 persons)	(座) Gas Stations for CNG-Fueled Motor Vehicles (unit)	Name of Regions
327545.76	45112.19	36840827	35400137	9653.96	1973	全　　国
18546.94	5010.27	3604631	3502995	846.12	132	河　　北
28843.72	2702.45	1701445	1673915	467.45	154	山　　西
21735.89	1301.05	805681	733904	202.45	160	内 蒙 古
5440.67	504.78	437105	431605	105.35	55	辽　　宁
5248.23	183.34	377199	366165	85.31	46	吉　　林
4667.80	253.87	379829	363724	98.60	74	黑 龙 江
3854.41	1736.76	1773434	1753965	426.98	39	江　　苏
601.13	820.30	1087958	1077178	270.66	10	浙　　江
17363.28	6202.93	2520620	2382845	679.32	63	安　　徽
662.12	647.66	783280	773712	232.48	6	福　　建
514.93	1429.20	1520765	1268907	368.90	9	江　　西
11246.30	2843.36	3300001	3257671	902.39	103	山　　东
10022.41	3375.31	3549513	3462924	1094.43	114	河　　南
3785.58	799.16	1220014	1199591	278.80	35	湖　　北
4493.71	1333.78	2157604	2114732	615.24	32	湖　　南
1089.20	259.77	674164	669588	211.47	5	广　　东
10.60	134.12	415448	410729	127.57	4	广　　西
3562.44	39.52	106108	104945	21.79	14	海　　南
2778.73	1022.12	835673	800244	174.08	17	重　　庆
21756.68	7438.93	4687099	4480689	1031.00	107	四　　川
1954.11	372.94	547778	525310	188.86	33	贵　　州
2011.00	270.86	316565	308451	137.59	16	云　　南
						西　　藏
24310.40	1841.38	1526563	1421872	400.25	208	陕　　西
30059.85	727.76	624645	576594	215.48	114	甘　　肃
2639.83	513.36	201605	182154	57.01	22	青　　海
17605.39	903.20	389933	368671	75.15	95	宁　　夏
82740.41	2444.01	1296167	1187057	339.23	306	新　　疆

2-6-4 县城液化石油气(2023年)

地区名称 Name of Regions	储气能力 (吨) Gas Storage Capacity (ton)	供气管道长度 (公里) Length of Gas Supply Pipeline (km)	供气总量(吨)		
			合计 Total	销售气量 Quantity Sold	居民家庭 Households
全 国 National Total	314157.25	1721.42	1896898.71	1884181.25	1552632.14
河 北 Hebei	10895.64	307.50	67826.63	67268.83	52786.47
山 西 Shanxi	5292.35	24.18	21937.21	21550.89	17325.69
内 蒙 古 Inner Mongolia	9312.29	0.54	40561.13	40139.77	36115.83
辽 宁 Liaoning	5333.00	30.85	32109.03	31942.08	27119.68
吉 林 Jilin	3436.00	32.56	20229.75	20150.32	16252.71
黑 龙 江 Heilongjiang	5410.31	112.60	27338.60	27017.09	22899.26
江 苏 Jiangsu	14681.15	651.95	104462.58	104060.90	67584.80
浙 江 Zhejiang	10973.42	75.12	153144.80	152656.83	126479.91
安 徽 Anhui	16834.99	0.10	93961.28	93260.24	79539.35
福 建 Fujian	8614.17	20.10	87340.47	86993.54	74946.64
江 西 Jiangxi	19918.45		130307.74	129229.88	118295.42
山 东 Shandong	13345.01	37.16	70131.84	69682.17	49607.24
河 南 Henan	14522.95	5.65	141003.41	139069.96	118907.16
湖 北 Hubei	7885.66	19.38	54012.78	53548.53	48523.09
湖 南 Hunan	43851.90	113.69	195616.83	194662.39	174902.17
广 东 Guangdong	19749.17	167.48	183799.41	183510.63	139741.34
广 西 Guangxi	13193.36	1.06	148735.13	147326.66	136424.14
海 南 Hainan	1280.80		30743.02	30574.06	27073.90
重 庆 Chongqing	5277.00		12860.37	12767.67	8746.79
四 川 Sichuan	12981.91	7.56	34203.08	33770.85	25115.45
贵 州 Guizhou	18576.07	0.38	63558.16	63402.37	47986.01
云 南 Yunnan	19547.84	104.48	59220.37	58803.05	42981.24
西 藏 Xizang	3873.00	1.53	16178.99	16137.76	14350.39
陕 西 Shaanxi	14428.84	1.55	41848.24	41552.22	27819.89
甘 肃 Gansu	4376.04		26482.86	26177.67	23746.65
青 海 Qinghai	2480.82	0.08	4798.48	4707.45	3594.17
宁 夏 Ningxia	3617.51	3.00	8953.76	8849.90	4829.90
新 疆 Xinjiang	4467.60	2.92	25532.76	25367.54	18936.85

County Seat LPG Supply (2023)

Total Gas Supplied (ton)		用气户数	居民家庭	用气人口	液化石油气汽车加气站（座）	地区名称
燃气汽车 Gas-Powered Automobiles	燃气损失量 Loss Amount	（户）Number of Household with Access to Gas (unit)	Households	（万人）Population with Access to Gas (10000 persons)	Gas Stations for LPG-Fueled Motor Vehicles (unit)	Name of Regions
31800.30	12717.46	15799540	14751463	4594.58	241	全 国
603.00	557.80	584829	531561	163.69	4	河 北
	386.32	191758	181661	65.38	13	山 西
415.02	421.36	742007	699304	222.69	13	内 蒙 古
2653.00	166.95	364239	355471	73.79	15	辽 宁
870.00	79.43	187749	177906	53.13	3	吉 林
2484.50	321.51	414055	386471	117.56	12	黑 龙 江
1156.50	401.68	519381	501394	88.92	11	江 苏
	487.97	857543	719738	184.69		浙 江
384.00	701.04	740333	698404	217.58	1	安 徽
	346.93	737233	712371	202.39		福 建
	1077.86	1083622	1064673	302.33	4	江 西
16.00	449.67	394488	364671	111.11	1	山 东
5425.00	1933.45	1016133	984371	360.86	22	河 南
2539.28	464.25	506475	457249	154.35	6	湖 北
	954.44	1843287	1610033	485.77	1	湖 南
	288.78	1172668	1137815	299.50	1	广 东
	1408.47	1269731	1237382	390.09		广 西
35.00	168.96	208479	206633	35.98	6	海 南
	92.70	79769	63521	15.81	2	重 庆
2034.00	432.23	246615	218611	87.22	19	四 川
	155.79	848334	800822	359.29	2	贵 州
165.00	417.32	635087	571031	231.78	2	云 南
693.09	41.23	150042	137681	52.52	18	西 藏
6385.13	296.02	295972	281368	94.71	7	陕 西
725.65	305.19	337882	314352	129.52	12	甘 肃
2.38	91.03	53716	43494	23.89	1	青 海
1100.00	103.86	82654	77866	20.97	23	宁 夏
4113.75	165.22	235459	215609	49.06	42	新 疆

2-7-1　全国历年县城集中供热情况

年份 Year	供热能力 Heating Capacity		供热总量 Total Heat Supplied	
	蒸　汽 （吨/小时） Steam （ton/hour）	热　水 （兆瓦） Hot Water （mega watts）	蒸　汽 （万吉焦） Steam （10000 gigajoules）	热　水 （万吉焦） Hot Water （10000 gigajoules）
2000	4418	11548	1409	9076
2001	3647	11180	1872	20568
2002	4848	14103	2627	27245
2003	5283	19446	2871	22286
2004	5524	20891	3194	21847
2005	8837	20835	8781	18736
2006	9193	26917	8520	23535
2007	13461	35794	15780	39071
2008	12370	44082	14708	75161
2009	16675	62330	12519	56013
2010	15091	68858	16729	103005
2011	14738	81348	8475	63264
2012	13914	97281	8358	51943
2013	13285	107498	6413	68193
2014	13011	129447	5693	63928
2015	13680	125788	10957	96566
2016	10206	130430	5130	67488
2017	14853	137222	8106	148237
2018	16790	139943	8585	76441
2019	17466	153330	9810	78592
2020	18085	158186	9958	84808
2021	18646	159227	9564	87477
2022	21185	161207	10825	89735
2023	24290	164758	11769	90650

注：2000年蒸汽供热总量计量单位为万吨。

National County Seat Centralized Heating in Past Years

管道长度 Length of Pipelines		集中供热面积（亿平方米）	年份
蒸 汽（公里）Steam（km）	热 水（公里）Hot Water（km）	Heated Area（100 million sq. m）	Year
1144	4187	0.67	2000
658	4478	0.92	2001
881	4778	1.45	2002
904	6136	1.73	2003
991	7094	1.72	2004
1176	8048	2.06	2005
1367	9450	2.37	2006
1564	12795	3.17	2007
1612	14799	3.74	2008
1874	18899	4.81	2009
1773	23737	6.09	2010
1665	28577	7.81	2011
1965	31901	9.05	2012
2929	37169	10.33	2013
2733	41209	11.42	2014
3283	43013	12.31	2015
2767	44168	13.12	2016
	60793	14.63	2017
	66831	16.18	2018
	75068	17.48	2019
	81366	18.57	2020
	89274	19.45	2021
	97240	20.86	2022
	103203	22.02	2023

Note: Heating capacity through steam in 2000 is measured with the unit of 10000 tons.

2-7-2 县城集中供热(2023年)

地区名称 Name of Regions	蒸汽 Steam						供热能力 (兆瓦) Heating Capacity (mega watts)	热电厂 供 热 Heating by Co-Generation
	供热能力 (吨/小时) Heating Capacity (ton/hour)	热电厂 供 热 Heating by Co-Generation	锅炉房 供 热 Heating by Boilers	供热总量 (万吉焦) Total Heat Supplied (10000 gigajoules)	热电厂 供 热 Heating by Co-Generation	锅炉房 供 热 Heating by Boilers		
全 国 National Total	24290	22135	1556	11769	10566	828	164758	61100
河 北 Hebei	2396	2036	200	1102	993	108	28599	6119
山 西 Shanxi	6017	5835	182	1981	1841	140	18316	6090
内 蒙 古 Inner Mongolia	2826	2751	75	1437	1339	98	27764	13451
辽 宁 Liaoning	1435	985	450	429	374	56	14104	9424
吉 林 Jilin							6247	514
黑 龙 江 Heilongjiang	3573	3308	265	2379	2199	180	12215	5960
江 苏 Jiangsu							142	
浙 江 Zhejiang								
安 徽 Anhui	260	260		53	53		90	90
福 建 Fujian								
江 西 Jiangxi								
山 东 Shandong	5716	5360	276	3111	2852	189	14351	11190
河 南 Henan	839	480		619	318		3835	2266
湖 北 Hubei								
湖 南 Hunan								
广 东 Guangdong								
广 西 Guangxi								
海 南 Hainan								
重 庆 Chongqing							642	
四 川 Sichuan	60		60	24		20	132	36
贵 州 Guizhou								
云 南 Yunnan								
西 藏 Xizang	8		8	12		11	334	211
陕 西 Shaanxi	420	420		265	265		5165	1159
甘 肃 Gansu							12893	1861
青 海 Qinghai							2697	157
宁 夏 Ningxia	740	700	40	357	332	25	3326	703
新 疆 Xinjiang							13908	1870

County Seat Central Heating(2023)

锅炉房供热 Heating By Boilers	热水 Hot Water			管道长度(公里)			供热面积(万平方米)			地区名称 Name of Regions
	供热总量(万吉焦) Total Heat Supplied (10000 gigajoules)	热电厂供热 Heating by Co-Generation	锅炉房供热 Heating by Boilers	Length of Pipelines (km)	一级管网 First Class	二级管网 Second Class	Heated Area (10000 sq. m)	住宅 Housing	公共建筑 Public Building	
83192	90650	28497	52752	103203	34374	68828	220177	164498	43370	全　　国
13463	14515	3415	9360	16630	5903	10727	36894	29100	5322	河　　北
9229	13494	3895	5832	12801	4081	8720	29546	22669	5479	山　　西
12673	14234	5070	7939	16444	5103	11341	30424	20340	7916	内　蒙　古
4680	4206	1188	3019	6182	1296	4886	10494	7633	2425	辽　　宁
5715	4716	406	4311	5466	1367	4099	9578	6965	2356	吉　　林
5956	8190	4004	4049	7295	2034	5262	19115	14022	4972	黑　龙　江
11	127		2	175	157	18	277	272	4	江　　苏
				33	33					浙　　江
	9		9	186	48	139	55	31	23	安　　徽
										福　　建
										江　　西
1069	7777	5979	818	17299	6369	10929	34892	30886	3205	山　　东
519	1308	578	398	2824	1205	1620	4548	3139	252	河　　南
										湖　　北
										湖　　南
										广　　东
										广　　西
										海　　南
642	1		1	9		9	2	0	2	重　　庆
64	73	12	28	254	87	167	189	73	79	四　　川
										贵　　州
										云　　南
53	375	113	223	581	197	384	446	155	233	西　　藏
2628	2755	998	1309	1402	717	685	6758	4122	843	陕　　西
11001	7530	632	6816	5520	2270	3250	15102	11065	3582	甘　　肃
2530	1331	61	1244	1263	557	706	2450	1293	1142	青　　海
2543	2346	726	1529	2394	789	1605	5422	3981	1164	宁　　夏
10417	7662	1413	5876	6443	2162	4281	13986	8752	4370	新　　疆

三、居民出行数据
Data by Residents Travel

2-8-1 全国历年县城道路和桥梁情况
National County Seat Road and Bridge in Past Years

年 份 Year	道路长度 （万公里） Length of Roads (10000 km)	道路面积 （亿平方米） Surface Area of Roads (100 million sq. m)	防洪堤长度 （万公里） Length of Flood Control Dikes (10000 km)	人均城市道路面积 （平方米） Urban Road Surface Area Per Capita (sq. m)
2000	5.04	6.24	0.93	11.20
2001	5.10	7.67	0.90	8.51
2002	5.32	8.31	0.96	9.37
2003	5.77	9.06	0.93	9.82
2004	6.24	9.92	1.00	10.30
2005	6.68	10.83	0.98	10.80
2006	7.36	12.26	1.32	10.30
2007	8.38	13.44	1.17	10.70
2008	8.88	14.60	1.33	11.21
2009	9.50	15.98	1.19	11.95
2010	10.59	17.60	1.25	12.68
2011	10.86	19.24	1.37	13.42
2012	11.80	21.02	1.38	14.09
2013	12.52	22.69		14.86
2014	13.04	24.08		15.39
2015	13.35	24.95		15.98
2016	13.16	25.35		16.41
2017	14.08	26.84		17.18
2018	14.48	27.82		17.73
2019	15.16	29.01		18.29
2020	15.94	29.97		18.92
2021	16.37	30.82		19.68
2022	16.80	31.70		20.31
2023	17.18	32.52		21.07

注：1. 自2006年起，人均道路面积按县城人口和县城暂住人口合计为分母计算。
　　2. 自2013年起，不再统计防洪堤长度数据。

Notes: 1. Since 2006, road surface per capita has been calculated based on denominator which combines both permanent and temporary residents in county seat areas.
　　　2. Starting from 2013, the data on the length of flood prevention dike has been unavailable.

2-8-2 县城道路和桥梁(2023年)
County Seat Roads and Bridges (2023)

地区名称 Name of Regions	道路长度 (公里) Length of Roads (km)	建成区 in Built District	道路面积 (万平方米) Surface Area of Roads (10000 sq. m)	人行道面积 Surface Area of Sidewalks	建成区 in Built District	桥梁数 (座) Number of Bridges (unit)
全 国 National Total	171836.17	154536.56	325245.04	80856.62	297977.43	18944
河 北 Hebei	13418.58	13010.71	27042.52	7430.63	26048.64	791
山 西 Shanxi	5694.90	5490.28	11113.04	2726.76	10586.89	542
内 蒙 古 Inner Mongolia	7451.97	7032.31	16055.69	4428.83	15211.87	362
辽 宁 Liaoning	1971.96	1794.63	3358.19	828.50	3074.45	196
吉 林 Jilin	1572.41	1472.51	2966.46	851.26	2803.05	161
黑 龙 江 Heilongjiang	4109.64	3969.58	5151.25	1123.72	4844.98	304
江 苏 Jiangsu	5812.18	4962.36	12102.54	2483.23	10124.71	795
浙 江 Zhejiang	7064.94	6160.91	11900.11	2686.26	10692.63	1605
安 徽 Anhui	10329.84	9163.45	23813.21	5598.62	21141.97	1564
福 建 Fujian	5812.51	5044.82	9543.80	2143.67	8412.76	672
江 西 Jiangxi	9795.38	8828.90	19197.46	4551.13	17113.36	836
山 东 Shandong	11551.64	9943.03	23956.31	4885.84	21255.89	1757
河 南 Henan	12458.06	11273.89	28974.94	6899.82	26254.80	1786
湖 北 Hubei	4660.10	4370.15	9294.09	2490.65	8798.74	570
湖 南 Hunan	11342.71	9209.51	17933.63	4947.24	16350.06	698
广 东 Guangdong	4966.19	4093.03	7857.50	2047.68	7186.74	377
广 西 Guangxi	6551.00	6354.43	11586.85	2757.78	11142.54	795
海 南 Hainan	1158.47	864.75	2190.15	597.31	1850.74	92
重 庆 Chongqing	1455.06	1429.23	2632.81	791.77	2637.34	314
四 川 Sichuan	9749.81	8936.31	18944.94	5308.51	18047.51	1226
贵 州 Guizhou	8923.63	7968.99	14377.24	3598.29	13061.07	881
云 南 Yunnan	6802.22	6129.14	12286.26	3215.39	11767.07	789
西 藏 Xizang	1274.80	908.96	1571.07	443.82	1122.98	155
陕 西 Shaanxi	5450.09	5008.70	9253.87	2612.77	8480.59	604
甘 肃 Gansu	3667.89	3214.05	6765.45	1794.36	5850.24	544
青 海 Qinghai	1623.50	1501.55	2709.77	719.93	2603.98	164
宁 夏 Ningxia	1420.50	1339.75	3004.07	954.43	2863.95	82
新 疆 Xinjiang	5746.19	5060.63	9661.82	1938.42	8647.88	282

2-8-2 续表 continued

地区名称 Name of Regions	大桥及特大桥 Great Bridge and Grand Bridge	立交桥 Intersection	道路照明灯盏数（盏） Number of Road Lamps (unit)	安装路灯道路长度（公里） Length of The Road with Street Lamp (km)	地下综合管廊长度（公里） Length of The Utility Tunnel (km)	新建地下综合管廊长度（公里） Length of The New-built Utility Tunnel (km)
全 国 National Total	2451	440	10379217	132428	1327.94	345.31
河 北 Hebei	101	58	634518	9728	92.93	9.34
山 西 Shanxi	129	24	338128	4205	22.24	21.16
内 蒙 古 Inner Mongolia	49	15	420473	5571	17.27	
辽 宁 Liaoning	6	5	144592	1520	3.20	0.40
吉 林 Jilin	32	10	169332	1263		
黑 龙 江 Heilongjiang	25	20	192073	2523		
江 苏 Jiangsu	89	10	442771	5275	6.25	
浙 江 Zhejiang	108	33	375099	5721	4.56	2.36
安 徽 Anhui	76	26	668955	9219	99.70	
福 建 Fujian	108	12	437100	4736	113.42	0.07
江 西 Jiangxi	190	28	663261	8873	14.08	2.68
山 东 Shandong	63	22	639849	8541	54.41	0.54
河 南 Henan	55	28	641921	9237	9.65	2.95
湖 北 Hubei	79	11	244947	4266	40.99	31.64
湖 南 Hunan	194	7	606009	9412	6.10	2.63
广 东 Guangdong	67		350374	4560		
广 西 Guangxi	64	8	428119	4773	61.16	33.12
海 南 Hainan	9		61547	807		
重 庆 Chongqing	58	11	129832	1317	40.40	16.14
四 川 Sichuan	340	19	695517	7522	313.96	156.54
贵 州 Guizhou	154	11	493458	4720	155.19	11.32
云 南 Yunnan	80	10	524494	5189	150.51	20.14
西 藏 Xizang	16	4	37284	738	49.09	0.40
陕 西 Shaanxi	216	33	308609	3886	61.19	26.64
甘 肃 Gansu	81	26	189620	2735	6.75	3.35
青 海 Qinghai	15		81793	905	1.87	1.87
宁 夏 Ningxia	26	2	78113	1099		
新 疆 Xinjiang	21	7	381429	4084	3.02	2.02

四、环境卫生数据
Data by Environmental Health

2-9-1 全国历年县城排水和污水处理情况
National County Seat Drainage and Wastewater Treatment in Past Years

年 份 Year	排水管道长度 （万公里） Length of Drainage Pipelines (10000 km)	污水年排放量 （亿立方米） Annual Quantity of Wastewater Discharged (100 million cu. m)	污水处理厂 Wastewater Treatment Plant		污水年处理总量 （亿立方米） Annual Treatment Capacity (100 million cu. m)	污水处理率 （%） Wastewater Treatment Rate (%)
			座数 （座） Number of Wastewater Treatment Plant (unit)	处理能力 （万立方米/日） Treatment Capacity (10000 cu. m/day)		
2000	4.00	43.20	54	55	3.26	7.55
2001	4.40	40.14	54	455	3.31	8.24
2002	4.44	43.58	97	310	3.18	11.02
2003	5.32	41.87	93	426	4.14	9.88
2004	6.01	46.33	117	273	5.20	11.23
2005	6.04	47.40	158	357	6.75	14.23
2006	6.86	54.63	204	496	6.00	13.63
2007	7.68	60.10	322	725	14.10	23.38
2008	8.39	62.29	427	961	19.70	31.58
2009	9.63	65.70	664	1412	27.36	41.64
2010	10.89	72.02	1052	2040	43.30	60.12
2011	12.18	79.52	1303	2409	55.99	70.41
2012	13.67	85.28	1416	2623	62.18	75.24
2013	14.88	88.09	1504	2691	69.13	78.47
2014	16.03	90.47	1555	2882	74.29	82.12
2015	16.79	92.65	1599	2999	78.95	85.22
2016	17.19	92.72	1513	3036	81.02	87.38
2017	18.98	95.07	1572	3218	85.77	90.21
2018	19.98	99.43	1598	3367	90.64	91.16
2019	21.34	102.30	1669	3587	95.71	93.55
2020	22.39	103.76	1708	3770	98.62	95.05
2021	23.84	109.31	1765	3979	105.06	96.11
2022	25.17	114.93	1801	4185	111.41	96.94
2023	26.73	120.66	1849	4378	117.83	97.66

2-9-2 县城排水和污水处理(2023年)

地区名称 Name of Regions	污水排放量(万立方米) Annual Quantity of Wastewater Discharged (10000 sq. m)	排水管道长度(公里) Length of Drainage Piplines (km)	污水管道 Sewers	雨水管道 Rainwater Drainage Pipeline	雨污合流管道 Combined Drainage Pipeline	建成区 in Built District	污水处理厂 座数(座) Number of Wastewater Treatment Plant (unit)	二级以上 Second Level or Above	处理能力(万立方米/日) Treatment Capacity (10000 cu. m/day)	二级以上 Second Level or Above
全 国 National Total	1206597	267252	128145	103792	35316	240023	1849	1565	4377.7	3832.9
河 北 Hebei	81840	15733	8391	7342		15133	107	96	373.1	340.2
山 西 Shanxi	39261	9140	4906	3395	838	8278	90	79	151.1	132.4
内 蒙 古 Inner Mongolia	28985	9887	4810	3662	1416	8851	68	56	106.3	91.0
辽 宁 Liaoning	25562	2793	1033	965	795	2304	28	16	89.7	50.3
吉 林 Jilin	15620	2581	1296	1191	95	2572	19	19	54.5	54.5
黑 龙 江 Heilongjiang	24281	4750	1846	1772	1131	4503	50	50	89.0	89.0
江 苏 Jiangsu	51664	11483	4793	5738	952	9631	33	30	153.7	146.1
浙 江 Zhejiang	62773	12472	7125	4785	563	11033	49	46	198.9	195.2
安 徽 Anhui	83248	20180	9129	9572	1480	17318	73	72	276.2	269.2
福 建 Fujian	46032	9612	4730	4293	589	8900	47	42	162.7	144.2
江 西 Jiangxi	61024	17612	8425	7116	2071	16260	81	47	184.1	108.6
山 东 Shandong	80294	19442	9126	10270	45	17367	87	86	400.7	396.7
河 南 Henan	116139	21482	9628	7875	3980	19285	140	95	490.7	351.9
湖 北 Hubei	41825	7502	3536	2513	1454	6856	44	36	134.8	105.3
湖 南 Hunan	95244	15310	6491	5482	3336	13822	90	85	298.4	286.4
广 东 Guangdong	41543	5760	2405	1486	1868	5056	45	42	127.0	121.0
广 西 Guangxi	42001	9583	4453	2927	2203	9294	67	63	137.8	134.8
海 南 Hainan	6172	1612	861	585	167	922	11	5	22.6	12.5
重 庆 Chongqing	15403	3564	2004	1418	142	3392	30	25	56.2	40.2
四 川 Sichuan	82807	16521	7915	6390	2216	14697	150	114	257.3	214.6
贵 州 Guizhou	34503	10750	6212	3852	686	9285	122	120	119.9	118.5
云 南 Yunnan	38294	14156	7838	5234	1084	12979	106	98	133.8	125.3
西 藏 Xizang	4274	1601	504	337	760	1345	57	31	11.7	6.8
陕 西 Shaanxi	30956	7161	3503	2308	1351	6314	72	66	123.4	116.7
甘 肃 Gansu	18130	6311	3528	2185	597	5468	66	65	69.7	68.2
青 海 Qinghai	5621	2210	1061	739	410	2024	37	36	24.8	24.3
宁 夏 Ningxia	8434	1959	224	338	1397	1746	14	13	32.5	31.5
新 疆 Xinjiang	24665	6084	2372	22	3690	5387	66	32	97.3	57.7

County Seat Drainage and Wastewater Treatment (2023)

Wastewater Treatment Plant				其他污水处理设施 Other Wastewater Treatment Facilities		污水处理总量(万立方米)	再生水 Recycled Water			地区名称
处理量(万立方米) Quantity of Wastewater Treated (10000 cu. m)	二级以上 Second Level or Above	干污泥产生量(吨) Quantity of Dry Sludge Produced (ton)	干污泥处置量(吨) Quantity of Dry Sludge Treated (ton)	处理能力(万立方米/日) Treatment Capacity (10000 cu. m/day)	处理量(万立方米) Quantity of Wastewater Treated (10000 cu. m)	Total Quantity of Wastewater Treated (10000 cu. m)	生产能力(万立方米/日) Recycled Water Production Capacity (10000 cu. m/day)	利用量(万立方米) Annual Quantity of Wastewater Recycled and Reused (10000 cu. m)	管道长度(公里) Length of Piplines (km)	Name of Regions
1171403	1023916	2323249	2287243	108.8	6938	1178341	1290.9	210164	7128	全 国
80924	73525	137568	131359			80924	213.8	48124	557	河 北
38432	34159	118705	111942	1.8	147	38579	88.7	10967	358	山 西
28529	23962	82398	82279			28529	79.2	12937	1555	内 蒙 古
26094	15694	52948	52947			26094	7.2	932	41	辽 宁
15437	15437	23730	23730			15437	21.0	1377	50	吉 林
23584	23584	39271	39221			23584	6.0	202	28	黑 龙 江
49023	46605	92774	90178			49023	68.7	10925	131	江 苏
61506	60465	105169	105166	7.1	97	61603	55.2	10176	128	浙 江
80681	79708	119305	119107	1.8	113	80794	55.3	11720	210	安 徽
44549	39728	78512	78506	2.0	389	44938	3.1	58		福 建
57634	35508	88279	86091	9.9	1146	58780	15.0	535	8	江 西
78962	78962	222558	222170			78962	261.4	40134	434	山 东
114759	80351	258572	253897	13.3	12	114771	122.6	24293	273	河 南
40560	30724	64436	64222	10.4	1	40561	28.1	1039	6	湖 北
91963	88267	168016	168016	4.5	164	92128	9.9	204	18	湖 南
40467	38482	65040	60270	2.0		40467	25.9	1524	2	广 东
39176	38237	30694	30479	14.5	2240	41415				广 西
6219	3397	16623	16623	5.0	503	6722	7.9	163	22	海 南
15384	10251	19929	19929	0.1	0	15384	4.1	264	10	重 庆
77504	64026	150095	149983	24.5	2070	79574	52.1	11736	979	四 川
33596	33212	41667	41637	0.9		33596	13.2	1060	29	贵 州
37705	35322	54200	52932	2.5	7	37712	14.8	894	94	云 南
2771	1808	3427	1172	0.7	42	2814	0.1	28		西 藏
29987	28456	111725	108217	1.6	1	29989	26.9	2724	41	陕 西
17841	17578	56731	56730			17841	27.2	2864	362	甘 肃
5279	5200	12397	12394			5279		538	41	青 海
8419	8125	39308	39298			8419	10.6	1958	159	宁 夏
24417	13143	69172	68748	6.3	4	24422	73.2	12787	1590	新 疆

2-10-1 全国历年县城市容环境卫生情况

年 份 Year	生活垃圾 Domestic Garbage			
	清运量（万吨）Quantity of Collected and Transported (10000 ton)	无害化处理场（厂）座数（座）Number of Harmless Treatment Plants/Grounds (unit)	无害化处理能力（吨/日）Harmless Treatment Capacity (ton/day)	无害化处理量（万吨）Quantity of Harmlessly Treated (10000 ton)
2000	5560	358	18493	782.52
2001	7851	489	29300	1551.88
2002	6503	460	31582	1056.61
2003	7819	380	29546	1159.35
2004	8182	295	26032	865.13
2005	9535	203	23049	688.78
2006	6266	124	15245	414.30
2007	7110	137	18785	496.56
2008	6794	211	34983	838.69
2009	8085	286	45430	1220.15
2010	6317	448	69310	1732.51
2011	6743	683	103583	2728.72
2012	6838	848	126747	3690.65
2013	6506	992	151615	4298.28
2014	6657	1129	168131	4766.44
2015	6655	1187	181429	5259.94
2016	6666	1273	190672	5680.47
2017	6747	1300	205417	6139.95
2018	6660	1324	220696	6212.38
2019	6871	1378	246729	6609.78
2020	6810	1428	358319	6691.32
2021	6791	1441	338012	6687.44
2022	6705	1343	333306	6653.37
2023	6802	1294	332454	6773.19

注：自2006年起，生活垃圾填埋场的统计采用新的认定标准，生活垃圾无害化处理数据与往年不可比。

National County Seat Environmental Sanitation in Past Years

粪便清运量（万吨）Volume of Soil Collected and Transported (10000 tons)	公共厕所（座）Number of Latrine (unit)	市容环卫专用车辆设备总数（辆）Number of Vehicles and Equipment Designated for Municipal Environmental Sanitation (unit)	每万人拥有公厕（座）Number of Latrine per 10000 Population (unit)	年份 Year
1301	31309	13118	2.21	2000
1709	31893	13472	3.54	2001
1659	31282	13817	3.53	2002
1699	33139	15114	3.59	2003
1256	34104	16144	3.54	2004
1312	34753	17697	3.46	2005
710	34563	17367	2.91	2006
2507	36542	19220	2.90	2007
1151	37718	20947	2.90	2008
759	39618	22905	2.96	2009
811	40818	25249	2.94	2010
751	40096	28045	2.80	2011
649	41588	31164	2.09	2012
553	42217	35096	2.77	2013
532	43159	38913	2.76	2014
489	43480	42702	2.78	2015
420	43582	46278	2.82	2016
	45808	54575	2.93	2017
	49059	61436	3.13	2018
	52046	69083	3.28	2019
	55548	74722	3.51	2020
	58674	80064	3.75	2021
	61610	85856	3.95	2022
	64134	89949	4.15	2023

Note: Since 2006, treatment of domestic garbage through sanitary landfill has adopted new certification standard, so the datas of harmless treatmented garbage are not compared with the past years.

2-10-2 县城市容环境卫生（2023年）

地区名称 Name of Regions	道路清扫保洁面积（万平方米）Surface Area of Roads Cleaned and Maintained (10000 sq. m)	机械化 Mechanization	生活垃圾 清运量（万吨）Collected and Transported (10000 tons)	处理量（万吨）Volume of Treated (10000 tons)	无害化处理厂（场）数（座）Number of Harmless Treatment Plants/Grounds (unit)	卫生填埋 Sanitary Landfill	焚烧 Incineration	其他 other	无害化处理能力（吨/日）Harmless Treatment Capacity (ton/day)
全国 National Total	324533	258293	6802.10	6794.96	1294	845	349	100	332454
河北 Hebei	23016	21154	379.04	379.04	44		41	3	30160
山西 Shanxi	12849	9992	302.27	301.96	72	66	5	1	10611
内蒙古 Inner Mongolia	16316	12516	253.44	253.42	70	67	2	1	8678
辽宁 Liaoning	4487	2956	100.03	99.66	22	19	1	2	3730
吉林 Jilin	3456	2496	65.58	65.58	15	13	1	1	3180
黑龙江 Heilongjiang	6168	4755	165.76	165.76	40	37	1	2	5431
江苏 Jiangsu	10745	9594	270.27	270.27	28	6	17	5	16715
浙江 Zhejiang	10671	8396	226.54	226.54	37		24	13	18353
安徽 Anhui	25454	23273	358.02	358.02	39	3	26	10	20068
福建 Fujian	9165	5761	267.59	267.59	33	16	14	3	13874
江西 Jiangxi	21522	18754	356.83	356.83	27		21	6	12930
山东 Shandong	22850	19936	373.96	373.96	59	13	40	6	29650
河南 Henan	30410	23571	617.52	616.67	71	36	33	2	32066
湖北 Hubei	9249	7144	202.19	202.19	37	22	9	6	7866
湖南 Hunan	20024	15798	531.03	530.94	72	51	16	5	19911
广东 Guangdong	8885	4743	250.53	250.53	36	24	8	4	15558
广西 Guangxi	9628	5415	237.75	237.75	56	42	13	1	10793
海南 Hainan	2167	1880	39.94	39.94	2		2		1650
重庆 Chongqing	2861	2290	78.31	78.31	16	8	5	3	4233
四川 Sichuan	18520	13748	479.45	479.05	91	56	29	6	18559
贵州 Guizhou	11387	10979	283.18	282.13	58	31	16	11	11430
云南 Yunnan	11552	9413	258.63	258.63	82	67	13	2	11371
西藏 Xizang	1423	239	39.28	38.10	64	63	1		1321
陕西 Shaanxi	8791	7032	216.06	215.69	70	57	7	6	9740
甘肃 Gansu	7238	5612	177.39	177.36	47	44	3		5383
青海 Qinghai	2084	1059	66.38	63.98	32	32			1536
宁夏 Ningxia	3217	2466	43.82	43.82	11	10		1	1080
新疆 Xinjiang	10396	7321	161.30	161.24	63	62	1		6577

County Seat Environmental Sanitation (2023)

Domestic Garbage							公共厕所 (座) Number of Latrines (unit)	三类以上 Grade III and Above	市容环卫专用车辆设备总数 (辆) Number of Vehicles and Equipment Designated for Municipal Environmental Sanitation (unit)	地区名称 Name of Regions
卫生填埋 Sanitary Landfill	焚烧 Incineration	其他 other	无害化处理量 (万吨) Volume of Harmlessly Treated (10000 tons)	卫生填埋 Sanitary Landfill	焚烧 Incineration	其他 other				
106565	214991	10898	6773.19	2359.30	4238.39	175.49	64134	49489	89949	全　　国
	29320	840	379.04		370.76	8.28	5926	5650	6770	河　　北
9270	1336	5	296.79	232.26	64.35	0.18	2186	1581	4686	山　　西
7568	1000	110	253.42	231.75	19.87	1.80	4653	2711	4292	内　蒙　古
3601	120	9	99.66	87.02	12.47	0.17	1196	487	1253	辽　　宁
2360	500	320	65.58	25.02	40.23	0.32	647	483	1467	吉　　林
4891	200	340	165.76	117.98	43.88	3.91	1774	478	2685	黑　龙　江
2430	13915	370	270.27	12.97	246.10	11.20	2300	2170	2639	江　　苏
	15661	2692	226.54		196.25	30.28	1759	1653	2911	浙　　江
609	18500	959	358.02	3.87	344.16	9.99	3314	2581	4019	安　　徽
3401	9913	560	267.59	83.66	178.52	5.40	1739	1451	2243	福　　建
	12800	130	356.83		352.18	4.65	3926	3915	7486	江　　西
3230	25700	720	373.96	1.63	355.77	16.56	2642	2297	3980	山　　东
8866	22990	210	600.06	160.20	438.39	1.47	5617	4472	6096	河　　南
3001	3990	875	202.19	80.23	108.37	13.59	1252	944	2306	湖　　北
10625	8870	416	530.94	241.04	271.33	18.57	2492	1776	4008	湖　　南
6305	8750	503	250.53	106.70	133.56	10.27	642	540	2879	广　　东
4838	5940	15	237.75	110.37	127.29	0.09	845	720	3486	广　　西
	1650		39.94		39.94		380	362	1216	海　　南
1753	2080	400	78.31	30.78	39.89	7.64	729	660	743	重　　庆
4748	13411	400	479.05	106.73	355.83	16.49	3294	2717	5497	四　　川
2430	8400	600	282.13	66.33	210.80	5.00	3577	2930	4180	贵　　州
6627	4440	304	258.63	147.51	106.14	4.99	4700	4091	4340	云　　南
1310	11		38.10	38.10	0.00		1416	391	764	西　　藏
5976	3664	100	215.69	163.72	50.33	1.64	2827	2088	3370	陕　　西
4153	1230		177.36	100.44	75.43	1.50	1665	1109	2337	甘　　肃
1536			63.98	63.98			731	136	838	青　　海
1060		20	43.82	27.56	14.79	1.47	453	297	590	宁　　夏
5977	600		161.24	119.48	41.77		1452	799	2868	新　　疆

五、绿色生态数据
Data by Green Ecology

2-11-1　全国历年县城园林绿化情况

计量单位:公顷

年 份 Year	建成区绿化覆盖面积 Built District Green Coverage Area	建成区绿地面积 Built District Area of Green Space	公园绿地面积 Area of Public Recreational Green Space
2000	142667	85452	31807
2001	138338	94803	35082
2002	148214	102684	38378
2003	169737	119884	44628
2004	193274	137170	50997
2005	210393	151859	56869
2006	247318	185389	59244
2007	288085	219780	70849
2008	317981	249748	79773
2009	365354	285850	92236
2010	412730	330318	106872
2011	465885	385636	121300
2012	519812	436926	134057
2013	566706	482823	144644
2014	599348	520483	155083
2015	617022	542249	163526
2016	633304	559476	170700
2017	686922	610268	185320
2018	711680	631559	191699
2019	757497	672684	207897
2020	784249	700180	213017
2021	805418	722931	219322
2022	830007	751902	226323
2023	856364	778392	232413

注：1. 自2006年起，"公共绿地"统计为"公园绿地"。
    2. 自2006年起，"人均公共绿地面积"统计为以城区人口和城区暂住人口合计为分母计算的"人均公园绿地面积"。

National County Seat Landscaping in Past Years

Measurement Unit: Hectare

公园面积 Park Area	人均公园 绿地面积 （平方米） Public Recreational Green Space Per Capita (sq. m)	建成区绿化 覆盖率 （％） Green Coverage Rate of Built District (%)	建成区 绿地率 （％） Green Space Rate of Built District (%)	年 份 Year
15736	5.71	10.86	6.51	2000
69829	3.88	13.24	9.08	2001
73612	4.32	14.12	9.78	2002
28930	4.83	15.27	10.79	2003
33678	5.29	16.42	11.65	2004
32830	5.67	16.99	12.26	2005
39422	4.98	18.70	14.01	2006
54488	5.63	20.20	15.41	2007
51510	6.12	21.52	16.90	2008
56015	6.89	23.48	18.37	2009
67325	7.70	24.89	19.92	2010
80850	8.46	26.81	22.19	2011
85272	8.99	27.74	23.32	2012
96630	9.47	29.06	24.76	2013
105680	9.91	29.80	25.88	2014
114093	10.47	30.78	27.05	2015
122103	11.05	32.53	28.74	2016
138776	11.86	34.60	30.74	2017
146656	12.21	35.17	31.21	2018
158584	13.10	36.64	32.54	2019
167699	13.44	37.58	33.55	2020
174292	14.01	38.30	34.38	2021
186357	14.50	39.35	35.65	2022
195318	15.06	40.19	36.53	2023

Notes: 1. Since 2006, Public Green Space is changed to Public Recreational Green Space.
2. Since 2006, Public recreational green space per capita has been calculated based on denominator which combines both permanent and temporary residents in urban areas.

2-11-2 县城园林绿化（2023年）

地区名称 Name of Regions	绿化覆盖面积 （公顷） Green Coverage Area （hectare）	建成区 Built District	绿地面积 （公顷） Area of Green Space （hectare）	建成区 Built District
全　　国 National Total	1077882	856364	929655	778392
河　　北 Hebei	74778	60909	61937	55610
山　　西 Shanxi	33966	29170	28652	26098
内 蒙 古 Inner Mongolia	50719	38127	47158	35609
辽　　宁 Liaoning	11364	9465	8153	7910
吉　　林 Jilin	15440	9643	13603	8907
黑 龙 江 Heilongjiang	21070	19460	18947	17651
江　　苏 Jiangsu	53421	31966	44178	29869
浙　　江 Zhejiang	39105	29072	34031	26289
安　　徽 Anhui	78778	56857	67139	52199
福　　建 Fujian	30578	24808	26979	22787
江　　西 Jiangxi	57212	49989	50108	45219
山　　东 Shandong	85260	67818	73849	61937
河　　南 Henan	86938	77988	74345	68846
湖　　北 Hubei	32811	24924	28940	23064
湖　　南 Hunan	57978	50475	51054	46048
广　　东 Guangdong	39743	25194	33451	23207
广　　西 Guangxi	32550	26541	27310	23462
海　　南 Hainan	6554	6340	5700	5571
重　　庆 Chongqing	13101	8329	11718	7756
四　　川 Sichuan	64074	54656	54394	48931
贵　　州 Guizhou	51877	35567	47151	33894
云　　南 Yunnan	35497	31430	31540	28758
西　　藏 Xizang	1172	1081	750	711
陕　　西 Shaanxi	30958	24419	25390	21665
甘　　肃 Gansu	21600	17050	17675	15068
青　　海 Qinghai	6311	5655	5246	4910
宁　　夏 Ningxia	9076	7692	8243	7407
新　　疆 Xinjiang	35951	31739	32013	29009

County Seat Landscaping (2023)

公园绿地面积（公顷）Area of Public Recreational Green Space (hectare)	公园个数（个）Number of Parks (unit)	门票免费 Free Parks	公园面积（公顷）Park Area (hectare)	地区名称 Name of Regions
232413	**12170**	**11746**	**195318**	全　　国
14975	921	920	13201	河　　北
8225	548	537	7686	山　　西
10739	513	510	9728	内　蒙　古
2732	114	112	2338	辽　　宁
2895	121	120	2504	吉　　林
4908	263	247	3862	黑　龙　江
8080	307	307	5661	江　　苏
7656	572	564	5181	浙　　江
15129	612	602	12555	安　　徽
7761	499	476	5902	福　　建
13553	971	911	13536	江　　西
17736	531	528	13867	山　　东
20067	585	549	13802	河　　南
6725	455	411	6135	湖　　北
13604	646	641	13223	湖　　南
7047	403	392	7678	广　　东
6890	353	331	6028	广　　西
627	84	72	563	海　　南
3226	167	162	2578	重　　庆
18113	639	611	14334	四　　川
10381	354	348	9767	贵　　州
8392	1149	1113	7675	云　　南
136	65	57	245	西　　藏
6464	431	378	4260	陕　　西
6170	278	276	4114	甘　　肃
971	56	47	372	青　　海
2213	105	105	2070	宁　　夏
6997	428	419	6451	新　　疆

村镇部分

Statistics for Villages and Small Towns

3-1-1 全国历年建制镇及住宅基本情况

年 份 Year	建制镇统计个数（万个）Number of Towns (10000 units)	建成区面积（万公顷）Surface Area of Build Districts (10000 hectares)	建成区户籍人口（亿人）Registered Permanent Population (100 million persons)	非农人口 Nonagriculture Population	建成区暂住人口（亿人）Temporary Population (100 million persons)	本年建设投入（亿元）Construction Input This Year (100 million RMB)
1990	1.01	82.5	0.61	0.28		156
1991	1.03	87.0	0.66	0.30		192
1992	1.20	97.5	0.72	0.32		284
1993	1.29	111.9	0.79	0.34		458
1994	1.43	118.8	0.87	0.38		616
1995	1.50	138.6	0.93	0.42		721
1996	1.58	143.7	0.99	0.42		915
1997	1.65	155.3	1.04	0.44		821
1998	1.70	163.0	1.09	0.46		872
1999	1.73	167.5	1.16	0.49		980
2000	1.79	182.0	1.23	0.53		1123
2001	1.81	197.2	1.30	0.56		1278
2002	1.84	203.2	1.37	0.60		1520
2003						
2004	1.78	223.6	1.43	0.64		2373
2005	1.77	236.9	1.48	0.66		2644
2006	1.77	312.0	1.40		0.24	3013
2007	1.67	284.3	1.31		0.24	2950
2008	1.70	301.6	1.38		0.25	3285
2009	1.69	313.1	1.38		0.26	3619
2010	1.68	317.9	1.39		0.27	4356
2011	1.71	338.6	1.44		0.26	5018
2012	1.72	371.4	1.48		0.28	5751
2013	1.74	369.0	1.52		0.30	7148
2014	1.77	379.5	1.56		0.31	7172
2015	1.78	390.8	1.60		0.31	6781
2016	1.81	397.0	1.62		0.32	6825
2017	1.81	392.6	1.55			7410
2018	1.83	405.3	1.61			7562
2019	1.87	422.9	1.65			8357
2020	1.88	433.9	1.66			9678
2021	1.91	433.6	1.66			9342
2022	1.92	442.3	1.66			9140
2023	1.94	446.9	1.65			9211

National Summary of Towns and Residential Building in Past Years

住　宅 Residential Building	市政公用设施 Public Facilities	本年住宅竣工建筑面积 （亿平方米） Floor Space Completed of Residential Building This Year (100 million sq. m)	年末实有住宅建筑面积 （亿平方米） Total Floor Space of Residential Buildings (Year-End) (100 million sq. m)	居住人口 （亿人） Resident Population (100 million persons)	人均住宅建筑面积 （平方米） Per Capita Floor Space (sq. m)	年　份 Year
76	15	0.49	12.3	0.61	19.9	1990
84	19	0.54	12.9	0.65	19.8	1991
115	28	0.62	14.8	0.72	20.5	1992
189	56	0.80	15.8	0.78	20.2	1993
265	79	0.90	17.6	0.85	20.6	1994
305	104	1.00	18.9	0.91	20.7	1995
373	116	1.10	20.5	0.97	21.1	1996
382	122	1.06	21.8	1.01	21.5	1997
402	141	1.09	23.3	1.07	21.8	1998
464	160	1.20	24.8	1.13	22.0	1999
530	185	1.41	27.0	1.19	22.6	2000
575	220	1.47	28.6	1.26	22.7	2001
655	265	1.69	30.7	1.32	23.2	2002
						2003
903	437	1.82	33.7	1.40	24.1	2004
1000	476	1.90	36.8	1.43	25.7	2005
1139	580	2.04	39.1	1.40	27.9	2006
1061	614	1.28	38.9		29.7	2007
1211	726	1.33	41.5		30.1	2008
1465	798	1.47	44.2		32.1	2009
1828	1028	1.67	45.1		32.5	2010
2106	1168	1.72	47.3		33.0	2011
2469	1348	1.97	49.6		33.6	2012
3561	1603	2.65	52.0		34.1	2013
3550	1663	2.66	54.0		34.6	2014
3373	1646	2.53	55.4		34.6	2015
3327	1697	2.32	56.7		34.9	2016
3565	1867	3.00	53.9		34.8	2017
3856	1788	3.32	57.9		36.1	2018
4525	1785	2.75	60.4		36.5	2019
5024	2048	2.79	61.4		37.0	2020
4661	1849	2.45	63.2		38.1	2021
4492	1680	2.22	65.2		39.2	2022
4692	1657	2.00	66.1		40.0	2023

3-1-2 全国历年建制镇市政公用设施情况

年 份 Year	年供水总量 (亿立方米) Annual Supply of Water (100 million cu. m)	生活用水 Domestic Water Consumption	用水人口 (亿人) Population with Access to Water (100 million persons)	供水普及率 (%) Water Coverage Rate (%)	人均日生活用水量 (升) Per Capita Daily Water Consumption (liter)	道路长度 (万公里) Length of Roads (10000 km)
1990	24.4	10.0	0.37	60.1	74.3	7.7
1991	29.5	11.6	0.42	63.9	76.1	8.4
1992	35.0	13.6	0.48	65.8	78.1	9.6
1993	39.5	15.8	0.54	68.5	80.7	10.9
1994	47.1	17.7	0.62	71.5	78.3	12.6
1995	53.7	21.5	0.69	74.2	85.5	13.4
1996	62.2	24.7	0.74	75.0	91.7	15.5
1997	68.4	27.0	0.80	76.6	92.6	17.8
1998	72.8	30.0	0.86	79.1	95.1	18.7
1999	81.4	34.3	0.93	80.2	100.8	19.4
2000	87.7	37.1	0.99	80.7	102.7	21.0
2001	91.4	39.6	1.04	80.3	104.0	22.8
2002	97.3	42.3	1.10	80.4	105.4	24.3
2003						
2004	110.7	49.0	1.20	83.6	112.1	27.5
2005	136.5	54.2	1.25	84.7	118.4	30.1
2006	131.0	44.7	1.17	83.8	104.2	26.0
2007	112.0	42.1	1.19	76.6	97.1	21.6
2008	129.0	45.0	1.27	77.8	97.1	23.4
2009	114.6	46.1	1.28	78.3	98.9	24.5
2010	113.5	47.8	1.32	79.0	99.3	25.8
2011	118.6	49.9	1.37	79.8	100.7	27.4
2012	122.2	51.2	1.42	80.8	99.1	29.1
2013	126.2	53.7	1.49	81.7	98.6	31.0
2014	131.6	55.8	1.55	82.8	98.7	32.7
2015	134.8	57.8	1.60	83.8	98.7	34.5
2016	135.3	59.0	1.64	83.9	99.0	35.9
2017	131.9	59.0	1.48	88.1	109.5	33.5
2018	133.7	58.9	1.55	88.1	104.1	37.7
2019	142.6	61.7	1.63	89.0	103.9	40.9
2020	145.2	64.1	1.64	89.1	107.0	43.9
2021	147.1	64.9	1.67	90.3	106.8	45.7
2022	149.5	64.5	1.68	90.8	105.0	47.8
2023	151.2	65.5	1.67	90.8	107.2	48.2

注：1. 自2006年起，"公共绿地"统计为"公园绿地"。
2. 2006至2016年，"人均公共绿地面积"统计为以建制镇建成区户籍人口和暂住人口合计为分母计算的"人均公园绿地面积"。
3. 自2017年起，"人均公园绿地面积"以建制镇建成区常住人口为分母计算。

National Municipal Public Facilities of Towns in Past Years

桥梁数 (万座) Number of Bridges (10000 units)	排水管道长度 (万公里) Length of Drainage Piplines (10000 km)	公园绿地面积 (万公顷) Public Green Space (10000 hectares)	人均公园绿地面积 (平方米) Public Recreational Green Space Per Capita (sq. m)	环卫专用车辆设备 (万辆) Number of Special Vehicles for Environmental Sanitation (10000 units)	公共厕所 (万座) Number of Latrines (10000 units)	年份 Year
2.4	2.7	0.85	1.4	0.5	4.9	1990
2.7	3.2	1.06	1.6	0.7	5.4	1991
3.1	4.0	1.22	1.7	0.8	6.1	1992
3.5	4.8	1.37	1.7	1.1	6.8	1993
3.9	5.5	1.74	2.2	1.2	7.6	1994
4.2	6.2	2.00	2.2	1.6	8.3	1995
4.8	7.5	2.27	2.3	1.7	8.7	1996
5.1	8.1	2.61	2.5	2.0	9.2	1997
5.4	8.8	2.99	2.7	2.3	9.7	1998
5.6	10.0	3.32	2.9	2.5	10.1	1999
6.1	11.1	3.71	3.0	2.9	10.3	2000
6.4	11.9	4.39	3.4	3.2	10.7	2001
6.8	13.0	4.84	3.5	3.3	11.2	2002
						2003
7.2	15.7	6.01	4.2	3.9	11.8	2004
7.7	17.1	6.81	4.6	4.2	12.4	2005
7.2	11.9	3.30	2.4	4.8	9.4	2006
8.3	8.8	2.72	1.8	5.0	9.0	2007
9.1	9.9	3.09	1.9	6.0	12.1	2008
9.9	10.7	3.14	1.9	6.6	11.6	2009
10.0	11.5	3.36	2.0	6.9	9.8	2010
9.7	12.2	3.45	2.0	7.6	10.1	2011
10.4	13.2	3.73	2.1	8.7	10.5	2012
10.8	14.0	4.33	2.4	9.7	14.0	2013
11.0	15.1	4.48	2.4	10.6	11.4	2014
11.4	16.0	4.69	2.5	11.5	11.9	2015
11.1	16.6	4.79	2.5	12.0	11.7	2016
8.4	16.4	5.24	3.1	11.5	12.1	2017
8.3	17.7	4.99	2.8	11.4	11.8	2018
8.4	18.8	4.96	2.7	12.1	12.9	2019
8.1	19.8	5.01	2.7	12.0	13.5	2020
7.4	21.1	4.97	2.7	11.6	12.7	2021
7.2	21.8	4.99	2.7	11.5	12.6	2022
7.3	23.2	5.00	2.7	11.7	13.6	2023

Notes: 1. Since 2006, Public Green Space has been changed to Public Recreational Green Space.
2. Public Recreational Green Space Per Capita has been calculated based on denominator which combines both permanent and temporary residents in built area of town from 2006 to 2016.
3. Since 2017, Public Recreational Green Space Per Capita has been calculated by permanent residents in built area of town as the denominator.

3-1-3 全国历年乡及住宅基本情况

年 份 Year	乡统计个数 （万个） Number of Townships (10000 units)	建成区面积 （万公顷） Surface Area of Build Districts (10000 hectares)	建成区户籍人口 （亿人） Registered Permanent Population (100 million persons)	非农人口 Nonagriculture Population	建成区暂住人口 （亿人） Temporary Population (100 million persons)	本年建设投入 （亿元） Construction Input This Year (100 million RMB)
1990	4.02	110.1	0.72	0.17		121
1991	3.90	109.3	0.70	0.16		136
1992	3.72	98.1	0.66	0.15		168
1993	3.64	99.9	0.65	0.15		191
1994	3.39	101.2	0.62	0.14		234
1995	3.42	103.7	0.63	0.15		260
1996	3.15	95.2	0.60	0.14		296
1997	3.03	95.7	0.60	0.14		296
1998	2.91	93.7	0.59	0.15		316
1999	2.87	92.6	0.59	0.15		325
2000	2.76	90.7	0.58	0.14		300
2001	2.35	79.7	0.53	0.14		283
2002	2.26	79.1	0.52	0.14		325
2003						
2004	2.18	78.1	0.53	0.15		344
2005	2.07	77.8	0.52	0.14		377
2006	1.46	92.83	0.35		0.03	355
2007	1.42	75.89	0.34		0.03	352
2008	1.41	81.15	0.34		0.03	438
2009	1.39	75.76	0.33		0.03	471
2010	1.37	75.12	0.32		0.03	558
2011	1.29	74.19	0.31		0.02	535
2012	1.27	79.55	0.31		0.02	634
2013	1.23	73.69	0.31		0.02	706
2014	1.19	72.23	0.30		0.02	671
2015	1.15	70.00	0.29		0.02	559
2016	1.09	67.30	0.28		0.02	524
2017	1.03	63.38	0.25			653
2018	1.02	65.39	0.25			621
2019	0.95	62.95	0.24			665
2020	0.89	61.70	0.24			780
2021	0.82	58.78	0.22			596
2022	0.80	56.85	0.21			481
2023	0.79	56.80	0.21			443

注：2006年以后，本表统计范围由原来的集镇变为乡。

National Summary of Townships and Residential Building in Past Years

住 宅 Residential Building	市政公用设施 Public Facilities	本年住宅竣工建筑面积 （亿平方米） Floor Space Completed of Residential Building This Year (100 million sq. m)	年末实有住宅建筑面积 （亿平方米） Total Floor Space of Residential Buildings (Year-End) (100 million sq. m)	居住人口 （亿人） Resident Population (100 million persons)	人均住宅建筑面积 （平方米） Per Capita Floor Space (sq. m)	年 份 Year
61	7	0.52	13.8	0.72	19.1	1990
67	8	0.53	13.8	0.70	19.8	1991
76	10	0.55	13.4	0.65	20.6	1992
85	13	0.49	13.3	0.64	20.6	1993
113	16	0.51	12.8	0.63	20.3	1994
133	22	0.57	12.7	0.62	20.5	1995
151	26	0.59	12.2	0.58	21.0	1996
155	33	0.56	12.3	0.59	21.0	1997
175	37	0.57	12.3	0.58	21.4	1998
193	36	0.66	12.8	0.58	22.1	1999
175	35	0.60	12.6	0.56	22.6	2000
167	33	0.55	12.0	0.52	23.0	2001
188	39	0.57	12.0	0.51	23.6	2002
						2003
188	48	0.56	12.5	0.50	24.9	2004
186	55	0.56	12.8	0.50	25.5	2005
145	66	0.40	9.1	0.35	25.9	2006
147	75	0.26	9.1		27.1	2007
187	99	0.28	9.2		27.2	2008
212	101	0.29	9.4		28.8	2009
262	129	0.35	9.7		29.9	2010
267	122	0.32	9.5		30.3	2011
306	152	0.36	9.6		30.5	2012
365	153	0.39	9.6		31.2	2013
332	132	0.36	9.3		31.2	2014
285	134	0.32	9.0		31.2	2015
260	136	0.29	8.7		31.2	2016
319	175	0.56	7.9		31.5	2017
304	175	0.39	8.4		33.2	2018
300	178	0.44	8.3		33.9	2019
364	171	0.44	8.4		35.4	2020
285	151	0.33	8.1		37.0	2021
203	144	0.18	7.7		36.5	2022
175	137	0.14	7.5		36.2	2023

Note: Since 2006, coverage of the statistics in the table has been changed to township.

3-1-4 全国历年乡市政公用设施情况

年份 Year	年供水总量 (亿立方米) Annual Supply of Water (100 million cu. m)	生活用水 Domestic Water Consumption	用水人口 (亿人) Population with Access to Water (100 million persons)	供水普及率 (%) Water Coverage Rate (%)	人均日生活用水量 (升) Per Capita Daily Water Consumption (liter)	道路长度 (万公里) Length of Roads (10000 km)
1990	10.8	5.0	0.26	35.7	53.4	15.2
1991	12.3	5.1	0.27	39.3	51.1	14.9
1992	12.7	5.2	0.28	42.6	50.6	14.2
1993	12.3	5.6	0.27	40.6	58.2	14.2
1994	12.8	6.0	0.30	47.8	55.5	14.0
1995	13.7	6.4	0.32	49.9	55.4	14.4
1996	13.9	6.6	0.29	49.0	61.1	14.4
1997	16.2	7.3	0.31	52.3	63.7	14.5
1998	17.2	7.9	0.33	55.5	66.4	14.3
1999	17.3	8.8	0.35	58.2	69.7	14.4
2000	16.8	8.8	0.35	60.1	69.2	13.7
2001	15.7	8.2	0.32	61.0	69.3	12.1
2002	16.4	8.4	0.32	62.1	71.9	12.1
2003						
2004	17.4	9.5	0.35	65.8	74.8	12.6
2005	17.5	9.6	0.35	67.2	75.6	12.4
2006	25.8	6.3	0.22	63.4	78.0	7.0
2007	11.9	6.0	0.21	59.1	76.1	6.2
2008	11.9	6.3	0.23	62.6	75.5	6.4
2009	11.4	6.5	0.22	63.5	79.5	6.3
2010	11.8	6.8	0.23	65.6	81.4	6.6
2011	11.5	6.7	0.22	65.7	82.4	6.5
2012	12.0	6.9	0.22	66.7	83.9	6.7
2013	11.5	6.8	0.22	68.2	82.8	6.8
2014	11.3	6.7	0.22	69.3	83.1	7.0
2015	11.2	6.7	0.22	70.4	84.3	7.1
2016	11.2	6.7	0.22	71.9	85.3	7.3
2017	12.6	7.2	0.19	78.8	104.3	6.6
2018	12.1	6.6	0.20	79.2	91.9	8.1
2019	12.9	6.6	0.20	80.5	93.3	8.7
2020	13.5	6.8	0.19	83.9	97.0	8.9
2021	13.2	6.5	0.18	84.2	98.7	8.8
2022	12.8	6.3	0.17	84.7	99.5	8.9
2023	12.9	6.3	0.17	86.0	100.1	8.8

注：1. 自2006年起，"公共绿地"统计为"公园绿地"。
2. 2006至2016年，"人均公共绿地面积"统计为以乡建成区户籍人口和暂住人口合计为分母计算的"人均公园绿地面积"。
3. 自2017年起，"人均公园绿地面积"以乡建成区常住人口为分母计算。

National Municipal Public Facilities of Townships in Past Years

桥梁数 (万座) Number of Bridges (10000 units)	排水管道长度 (万公里) Length of Drainage Piplines (10000 km)	公园绿地面积 (万公顷) Public Green Space (10000 hectares)	人均公园绿地面积 (平方米) Public Recreational Green Space Per Capita (sq. m)	环卫专用车辆设备 (万辆) Number of Special Vehicles for Environmental Sanitation (10000 units)	公共厕所 (万座) Number of Latrines (10000 units)	年 份 Year
3.3	2.3	0.64	0.88	0.16	5.33	1990
3.5	2.3	0.83	1.19	0.26	5.74	1991
3.7	2.5	0.87	1.32	0.31	5.89	1992
3.4	2.4	0.91	1.40	0.29	5.77	1993
3.3	2.6	1.11	1.76	0.42	6.18	1994
3.4	3.7	1.09	1.73	0.50	6.42	1995
3.4	3.2	1.08	1.79	0.50	6.12	1996
3.5	3.1	1.15	1.91	0.54	6.25	1997
3.5	3.2	1.31	2.22	0.62	6.21	1998
3.5	3.2	1.32	2.23	0.65	6.04	1999
3.4	3.3	1.35	2.33	0.68	5.86	2000
2.9	3.1	1.36	2.56	0.70	5.03	2001
2.9	3.6	1.31	2.54	0.75	5.05	2002
						2003
2.8	4.3	1.41	2.57	0.77	4.58	2004
2.9	4.3	1.37	2.65	0.80	4.57	2005
2.2	1.9	0.29	0.85	0.88	2.92	2006
2.7	1.1	0.24	0.66	1.04	2.76	2007
2.6	1.2	0.26	0.72	1.30	3.34	2008
2.8	1.4	0.30	0.84	1.34	2.96	2009
2.7	1.4	0.31	0.88	1.45	2.75	2010
2.6	1.4	0.30	0.90	1.53	2.58	2011
2.6	1.5	0.32	0.95	1.85	3.08	2012
2.6	1.6	0.35	1.08	2.56	3.94	2013
2.7	1.6	0.34	1.07	2.37	3.19	2014
2.7	1.7	0.34	1.10	2.41	3.04	2015
2.6	1.8	0.33	1.11	2.50	2.99	2016
1.9	1.9	0.40	1.65	2.76	3.18	2017
1.9	2.4	0.37	1.50	2.80	3.55	2018
1.8	2.5	0.38	1.59	2.93	3.91	2019
1.7	2.4	0.40	1.76	2.86	3.88	2020
1.6	2.3	0.36	1.69	2.77	3.65	2021
1.5	2.3	0.37	1.82	2.70	3.56	2022
1.5	2.4	0.41	2.07	2.75	3.57	2023

Notes: 1. Since 2006, Public Green Space has been changed to Public Recreational Green Space.
2. Public Recreational Green Space Per Capita has been calculated based on denominator which combines both permanent and temporary residents in built area of township from 2006 to 2016.
3. Since 2017, Public Recreational Green Space Per Capita has been calculated by permanent residents in built area of township as the denominator.

3-1-5 全国历年村庄基本情况

年份 Year	村庄统计个数 (万个) Number of Villages (10000unit)	村庄现状用地面积 (万公顷) Area of Villages (10000 hectares)	村庄户籍人口 (亿人) Registered Permanent Population (100 million persons)	非农人口 Non-agriculture Population	村庄暂住人口 (亿人) Temporary Population (100 million persons)	本年建设投入 (亿元) Construction Input This Year (100 million RMB)	住宅 Residential Building
1990	377.3	1140.1	7.92	0.16		662	545
1991	376.2	1127.2	8.00	0.16		744	618
1992	375.5	1187.7	8.06	0.16		793	624
1993	372.1	1202.7	8.13	0.17		906	659
1994	371.3	1243.8	8.15	0.18		1175	885
1995	369.5	1277.1	8.29	0.20		1433	1089
1996	367.6	1336.1	8.18	0.19		1516	1176
1997	365.9	1366.4	8.18	0.20		1538	1175
1998	355.8	1372.6	8.15	0.21		1585	1220
1999	359.0	1346.3	8.13	0.22		1607	1245
2000	353.7	1355.3	8.12	0.24		1572	1203
2001	345.9	1396.1	8.06	0.25		1558	1145
2002	339.6	1388.8	8.08	0.26		2002	1288
2003							
2004	320.7	1362.7	7.95	0.32		2064	1243
2005	313.7	1404.2	7.87	0.31		2304	1374
2006	270.9		7.14		0.23	2723	1524
2007	264.7	1389.9	7.63		0.28	3544	1923
2008	266.6	1311.7	7.72		0.31	4294	2558
2009	271.4	1362.8	7.70		0.28	5400	3456
2010	273.0	1399.2	7.69		0.29	5692	3412
2011	266.9	1373.8	7.64		0.28	6204	3773
2012	267.0	1409.0	7.63		0.28	7420	4312
2013	265.0	1394.3	7.62		0.28	8183	4898
2014	270.2	1394.1	7.63		0.28	8088	5020
2015	264.5	1401.3	7.65		0.28	8203	5059
2016	261.7	1392.2	7.63		0.27	8321	5045
2017	244.9		7.56			9168	5271
2018	245.2		7.71			9830	5355
2019	251.3		7.76			10167	5529
2020	236.3		7.77			11503	5670
2021	236.1		7.72			10255	5142
2022	233.2		7.72			8849	4438
2023	234.0		7.70			8118	3884

National Summary of Villages in Past Years

市政公用设施 Public Facilities	本年住宅竣工建筑面积（亿平方米）Floor Space Completed of Residential Building This Year (100 million sq. m)	年末实有住宅建筑面积（亿平方米）Total Floor Space of Residential Buildings (Year-End) (100 million sq. m)	居住人口（亿人）Resident Population (100 million persons)	人均住宅建筑面积（平方米）Per Capita Floor Space (sq. m)	道路长度（万公里）Length of Roads (10000 km)	桥梁数（万座）Number of Bridges (10000 units)	年份 Year
33	4.82	159.3	7.84	20.3	262.1		1990
26	5.54	163.3	7.95	20.5	240.0	37.7	1991
32	4.86	167.4	8.01	20.9	262.9	40.2	1992
57	4.38	170.0	8.12	20.9	268.7	43.0	1993
65	4.49	169.1	7.90	21.4	263.2	43.0	1994
104	4.95	177.7	8.06	22.0	275.0	44.7	1995
106	4.96	182.4	8.13	22.4	279.3	44.1	1996
136	4.66	185.9	8.12	22.9	283.2	44.7	1997
139	4.73	189.2	8.07	23.5	290.3	43.4	1998
152	4.62	192.8	8.04	24.0	287.3	45.7	1999
139	4.47	195.2	8.02	24.3	287.0	46.3	2000
160	4.28	199.1	7.97	25.0	283.6	46.7	2001
368	4.39	202.5	7.94	25.5	287.3	47.1	2002
							2003
342	4.22	205.0	7.75	26.5	285.1	57.8	2004
380	4.42	208.0	7.72	26.9	304.0	58.0	2005
501	4.75	202.9	7.14	28.4	221.9	50.7	2006
616	3.65	222.7		29.2			2007
793	4.10	227.2		29.4			2008
863	4.91	237.0		30.8			2009
1105	4.56	242.6		31.6			2010
1216	4.86	245.1		32.1			2011
1660	5.25	247.8		32.5			2012
1850	5.46	250.6		32.9	228.0		2013
1707	5.46	253.4		33.2	234.1		2014
1919	5.66	255.2		33.4	239.3		2015
2120	5.32	256.1		33.6	246.3		2016
2529	9.65	246.2		32.6	285.3		2017
3053	7.81	252.2		32.7	304.8		2018
3100	7.12	255.3		32.9	320.6		2019
3590	7.56	266.5		34.3	335.8		2020
3357	5.47	267.3		34.6	348.7		2021
2660	4.38	269.8		34.9	357.4		2022
2481	4.18	267.9		34.8	362.3		2023

3-2-1 建制镇市政公用设施水平（2023年）

地区名称 Name of Regions	人口密度 （人/平方公里） Population Density (person/sq. km)	人均日生活用水量 （升） Per Capita Daily Water Consumption (liter)	供水普及率 （%） Water Coverage Rate (%)	燃气普及率 （%） Gas Coverage Rate (%)	人均道路面积 （平方米） Road Surface Area Per Capita (sq. m)	排水管道暗渠密度 （公里/平方公里） Density of Drains (km/sq. km)
全 国 National Total	4123	107.25	90.79	60.78	17.40	7.93
北 京 Beijing	4243	131.97	94.94	72.28	13.15	9.29
天 津 Tianjin	3582	91.42	96.26	92.52	14.75	5.59
河 北 Hebei	3823	91.63	93.63	78.64	12.94	4.72
山 西 Shanxi	3324	93.76	83.47	39.44	16.15	6.13
内 蒙 古 Inner Mongolia	1838	89.75	85.21	30.78	22.50	3.08
辽 宁 Liaoning	2995	124.62	81.10	33.89	17.72	4.45
吉 林 Jilin	2348	100.31	92.72	50.90	19.38	4.32
黑 龙 江 Heilongjiang	2460	93.38	86.66	19.26	20.56	4.10
上 海 Shanghai	6269	124.79	93.83	75.53	8.04	4.95
江 苏 Jiangsu	4932	108.14	97.91	94.31	20.47	11.23
浙 江 Zhejiang	4652	122.79	91.91	59.11	18.35	10.10
安 徽 Anhui	3935	104.25	87.16	54.53	21.15	8.55
福 建 Fujian	4717	115.12	93.46	70.93	17.68	8.35
江 西 Jiangxi	3821	100.90	85.23	49.55	20.32	8.93
山 东 Shandong	3803	86.04	94.39	73.97	17.77	7.68
河 南 Henan	4360	98.62	86.34	43.52	17.11	7.59
湖 北 Hubei	3643	103.06	90.21	54.53	19.22	8.50
湖 南 Hunan	4160	113.21	82.13	44.60	14.84	9.34
广 东 Guangdong	4608	139.94	94.07	79.93	16.74	9.67
广 西 Guangxi	5030	112.36	91.59	79.72	21.14	9.24
海 南 Hainan	4353	102.07	87.62	78.40	18.45	8.67
重 庆 Chongqing	5202	95.00	96.51	79.01	9.82	8.62
四 川 Sichuan	4556	100.04	88.21	70.77	14.95	8.35
贵 州 Guizhou	3669	103.35	88.49	14.24	20.55	7.93
云 南 Yunnan	4788	99.10	95.54	14.55	16.77	8.55
西 藏 Xizang	3735	1025.63	54.53	17.03	39.16	5.40
陕 西 Shaanxi	4193	82.69	89.25	31.21	18.16	7.70
甘 肃 Gansu	3510	82.62	89.94	14.48	18.65	6.14
青 海 Qinghai	3635	88.70	93.89	25.62	22.71	5.88
宁 夏 Ningxia	2993	98.39	98.43	53.16	18.04	6.96
新 疆 Xinjiang	3058	99.30	89.80	25.16	31.99	5.64
新疆生产建设兵团 Xinjiang Production and Construction Corps	3701	133.50	97.06	82.03	24.78	6.84

Level of Municipal Public Facilities of Built-up Area of Towns (2023)

污水处理率 (%) Wastewater Treatment Rate (%)	污水处理厂集中处理率 Centralized Treatment Rate of Wastewater Treatment Plants	人均公园绿地面积（平方米） Public Recreational Green Space Per Capita (sq. m)	绿化覆盖率 (%) Green Coverage Rate (%)	绿地率 (%) Green Space Rate (%)	生活垃圾处理率 (%) Domestic Garbage Treatment Rate (%)	无害化处理率 Domestic Garbage Harmless Treatment Rate	地区名称 Name of Regions
67.71	**58.84**	**2.71**	**17.13**	**11.21**	**94.93**	**86.06**	全　　国
72.85	61.71	2.51	24.84	16.43	89.36	82.93	北　　京
77.66	75.57	2.27	14.49	9.08	100.00	99.98	天　　津
62.96	45.12	1.56	14.93	8.93	99.82	99.12	河　　北
39.63	32.15	1.71	16.32	8.45	94.27	86.73	山　　西
44.09	40.98	4.01	14.49	9.64	54.75	41.50	内　蒙　古
35.78	32.07	1.22	15.06	7.91	74.69	48.59	辽　　宁
66.44	66.15	2.64	11.99	7.41	99.49	99.01	吉　　林
37.70	34.71	1.74	9.34	6.44	95.31	90.74	黑　龙　江
68.38	63.15	2.86	18.08	11.95	98.05	95.17	上　　海
88.08	83.08	7.03	29.55	24.01	99.52	97.34	江　　苏
74.61	62.32	2.53	19.06	13.08	99.85	99.46	浙　　江
64.50	55.84	1.84	18.62	10.68	99.63	98.75	安　　徽
81.51	68.65	4.53	22.90	16.78	100.00	100.00	福　　建
49.61	38.07	1.91	14.22	9.79	99.83	75.40	江　　西
73.79	57.86	4.63	23.98	15.60	98.92	95.73	山　　东
40.74	36.82	2.06	17.23	8.17	86.54	74.09	河　　南
74.68	60.18	2.02	17.00	9.74	97.21	93.36	湖　　北
64.20	51.14	2.96	19.80	13.51	89.37	61.24	湖　　南
74.42	69.02	2.36	13.23	9.19	96.99	91.63	广　　东
62.05	51.33	2.49	17.14	11.34	98.51	94.00	广　　西
78.77	61.32	1.45	17.38	12.07	100.00	100.00	海　　南
88.97	82.06	0.72	12.19	7.40	97.53	79.18	重　　庆
76.97	70.71	1.17	8.41	6.08	98.02	88.99	四　　川
56.76	47.36	1.01	13.19	8.05	92.59	71.10	贵　　州
35.14	26.03	0.74	8.91	5.96	88.96	59.43	云　　南
2.97	2.74	0.01	10.04	2.16	79.38	26.09	西　　藏
47.17	38.73	1.53	9.52	6.89	77.68	47.29	陕　　西
31.20	26.33	1.06	15.48	8.24	73.49	62.43	甘　　肃
29.91	21.11	0.15	11.18	7.30	76.42	46.34	青　　海
77.94	71.85	3.53	15.71	9.70	99.30	89.85	宁　　夏
31.20	19.55	3.48	16.07	11.76	91.06	60.25	新　　疆
79.79	79.75	4.26	24.07	17.28	94.16	72.37	新疆生产建设兵团

3-2-2 建制镇基本情况（2023年）

地区名称 Name of Regions	建制镇个数（个） Number of Towns (unit)	建成区面积（公顷） Surface Area of Built-up Districts (hectare)	建成区户籍人口（万人） Registered Permanent Population (10000 persons)	建成区常住人口（万人） Permanant Population (10000 persons)
全 国 National Total	19366	4469207.62	16503.69	18425.59
北 京 Beijing	114	30027.99	70.05	127.40
天 津 Tianjin	113	46220.72	123.96	165.57
河 北 Hebei	1133	174883.28	632.45	668.52
山 西 Shanxi	539	86332.75	266.91	286.95
内 蒙 古 Inner Mongolia	439	118694.42	215.24	218.11
辽 宁 Liaoning	612	95314.53	269.89	285.44
吉 林 Jilin	389	78315.39	204.71	183.86
黑 龙 江 Heilongjiang	486	89542.90	265.10	220.28
上 海 Shanghai	102	142759.88	376.28	894.97
江 苏 Jiangsu	658	282601.39	1216.70	1393.90
浙 江 Zhejiang	587	220662.13	692.16	1026.61
安 徽 Anhui	922	268709.35	1037.59	1057.24
福 建 Fujian	563	145027.98	622.66	684.04
江 西 Jiangxi	735	151329.14	577.39	578.29
山 东 Shandong	1056	400117.30	1412.50	1521.63
河 南 Henan	1109	302972.02	1302.45	1320.89
湖 北 Hubei	703	236271.72	830.47	860.78
湖 南 Hunan	1069	256301.02	1060.91	1066.14
广 东 Guangdong	1003	360935.47	1277.08	1663.21
广 西 Guangxi	702	101247.14	540.13	509.25
海 南 Hainan	156	28000.77	111.20	121.88
重 庆 Chongqing	588	80099.57	403.58	416.72
四 川 Sichuan	1868	247765.84	1022.99	1128.80
贵 州 Guizhou	784	150289.06	580.12	551.48
云 南 Yunnan	587	79423.26	369.42	380.27
西 藏 Xizang	74	3177.85	8.39	11.87
陕 西 Shaanxi	924	125042.27	511.76	524.30
甘 肃 Gansu	791	71334.43	241.24	250.38
青 海 Qinghai	100	8968.85	34.00	32.60
宁 夏 Ningxia	77	21650.59	53.49	64.79
新 疆 Xinjiang	327	49558.81	128.40	151.55
新疆生产建设兵团 Xinjiang Production and Construction Corps	56	15629.80	44.44	57.85

注：建制镇个数不包括已纳入城市（县城）统计的建制镇个数。

Summary of Towns (2023)

设有村镇建设管理机构的个数（个）Number of Towns with Construction Management Institution (unit)	村镇建设管理人员（人）Number of Construction Management Personnel (person)	专职人员 Full-time Staff	有总体规划的建制镇个数（个）Number of Towns with Master Plans (unit)	本年编制 Compiled This Year	本年规划编制投入（万元）Input in Planning this Year (10000 RMB)	地区名称 Name of Regions
18050	97473	61758	16923	864	383661.74	全　国
109	1186	618	95		6048.50	北　京
111	704	439	62	4	2744.48	天　津
997	3336	2016	836	42	2966.43	河　北
539	1165	556	371	7	2133.93	山　西
395	1369	884	395	17	1324.30	内 蒙 古
604	1648	1105	521	18	1168.81	辽　宁
380	1076	729	274	13	4098.60	吉　林
467	1103	644	386	27	827.41	黑 龙 江
102	1187	769	88	3	3715.70	上　海
655	7093	4700	637	39	22368.92	江　苏
567	5393	3508	557	38	22842.51	浙　江
855	4641	3065	855	55	76568.98	安　徽
527	2085	1397	521	9	16061.36	福　建
702	3075	1947	699	48	14841.87	江　西
1055	7608	4988	986	72	8365.50	山　东
1076	7644	4970	950	42	14322.88	河　南
688	4894	2913	664	29	29507.65	湖　北
979	5651	3496	975	54	65232.27	湖　南
961	9660	5571	907	48	12379.62	广　东
696	4688	2877	666	15	9662.22	广　西
146	649	478	151		6001.76	海　南
587	2906	2071	550	48	1602.50	重　庆
1568	5574	3808	1443	51	9916.13	四　川
772	2756	1987	718	66	5915.80	贵　州
573	2697	1604	555	17	17515.52	云　南
15	28	3	43	3	131.00	西　藏
828	2648	1660	811	55	14079.08	陕　西
622	2502	1452	707	27	4508.67	甘　肃
77	112	69	77	5	455.60	青　海
71	302	154	70	2	2154.61	宁　夏
276	1107	555	304	6	3451.13	新　疆
50	986	725	49	4	748.00	新疆生产建设兵团

Note: The number of towns excluding those included in city (county seat) statistics.

3-2-3 建制镇供水（2023年）

地区名称 Name of Regions	集中供水的建制镇个数（个）Number of Towns with Access to Piped Water (unit)	占全部建制镇的比例（%）Percentage of Total Rate (%)	公共供水综合生产能力（万立方米/日）Integrated Production Capacity of Public Water Supply Facilities (10000 cu. m/day)	自备水源单位综合生产能力（万立方米/日）Integrated Production Capacity of Self-built Water Supply Facilities (10000 cu. m/day)	年供水总量（万立方米）Annual Supply of Water (10000 cu. m)
全国 National Total	19146	98.86	11130.56	2644.32	1511843.16
北京 Beijing	114	100.00	115.13	51.06	11216.87
天津 Tianjin	110	97.35	71.54	10.19	11861.22
河北 Hebei	1102	97.26	195.41	132.44	46474.46
山西 Shanxi	531	98.52	85.05	25.33	18846.50
内蒙古 Inner Mongolia	433	98.63	67.30	22.34	12022.60
辽宁 Liaoning	535	87.42	125.44	40.60	18841.27
吉林 Jilin	387	99.49	89.30	29.23	12564.34
黑龙江 Heilongjiang	477	98.15	52.87	25.54	9350.33
上海 Shanghai	102	100.00	827.96	80.89	111097.21
江苏 Jiangsu	658	100.00	1184.21	107.94	128148.28
浙江 Zhejiang	584	99.49	782.82	177.49	129444.83
安徽 Anhui	922	100.00	524.22	122.55	74785.61
福建 Fujian	562	99.82	367.55	78.04	72649.36
江西 Jiangxi	731	99.46	335.39	52.88	37815.94
山东 Shandong	1056	100.00	657.34	276.94	121959.98
河南 Henan	1107	99.82	849.49	266.80	93265.42
湖北 Hubei	703	100.00	665.09	166.91	62902.35
湖南 Hunan	1058	98.97	767.08	135.25	71288.91
广东 Guangdong	999	99.60	1559.60	377.04	219976.20
广西 Guangxi	701	99.86	186.74	59.47	33494.51
海南 Hainan	156	100.00	29.57	5.78	6028.46
重庆 Chongqing	588	100.00	132.35	22.72	22876.89
四川 Sichuan	1863	99.73	597.64	149.43	61949.98
贵州 Guizhou	776	98.98	242.06	58.04	31802.44
云南 Yunnan	587	100.00	152.56	73.80	26347.07
西藏 Xizang	48	64.86	11.67	1.36	3369.56
陕西 Shaanxi	920	99.57	89.49	37.89	23891.28
甘肃 Gansu	783	98.99	119.60	18.77	14621.48
青海 Qinghai	93	93.00	56.04	3.89	2179.23
宁夏 Ningxia	77	100.00	22.20	5.49	3640.91
新疆 Xinjiang	327	100.00	142.68	23.30	12742.11
新疆生产建设兵团 Xinjiang Production and Construction Corps	56	100.00	25.16	4.91	4387.56

Water Supply of Towns(2023)

年生活用水量 Annual Domestic Water Consumption	年生产用水量 Annual Water Consumption for Production	供水管道长度（公里） Length of Water Supply Pipelines (km)	本年新增 Added This Year	用水人口（万人） Population with Access to Water (10000 persons)	地区名称 Name of Regions
654834.10	713910.17	628722.26	21940.72	16728.32	全　　国
5826.32	3635.34	4252.95	70.45	120.95	北　　京
5318.35	6150.76	3988.84	34.88	159.38	天　　津
20933.31	21709.85	14879.70	353.74	625.91	河　　北
8196.47	8776.41	12998.77	383.66	239.52	山　　西
6088.18	4401.07	6877.44	96.80	185.86	内　蒙　古
10530.10	7337.10	7683.95	165.05	231.49	辽　　宁
6241.45	5486.24	8182.68	118.11	170.47	吉　　林
6506.52	2307.50	8030.97	57.25	190.90	黑　龙　江
38249.49	56744.25	9625.26	129.26	839.78	上　　海
53870.85	69955.91	48384.20	912.65	1364.79	江　　苏
42290.76	76543.10	35050.31	958.92	943.60	浙　　江
35062.15	30150.67	39126.80	1610.51	921.48	安　　徽
26861.89	39782.06	17630.68	493.46	639.31	福　　建
18153.18	15845.87	22085.39	948.91	492.90	江　　西
45106.80	70638.53	36119.36	1002.61	1436.30	山　　东
41053.20	42604.10	39156.33	1624.65	1140.46	河　　南
29208.76	26421.62	39855.28	1407.97	776.48	湖　　北
36179.24	27238.45	38030.54	1142.67	875.57	湖　　南
79913.33	107971.57	65932.12	2018.82	1564.57	广　　东
19127.79	10987.95	11748.75	375.68	466.41	广　　西
3978.54	1573.94	6225.20	619.61	106.79	海　　南
13945.12	7790.01	8766.94	388.28	402.18	重　　庆
36356.20	22239.61	43905.68	2137.06	995.68	四　　川
18408.69	10558.00	29451.71	2020.87	487.98	贵　　州
13141.00	11229.31	23744.51	980.84	363.31	云　　南
2423.13	875.96	1123.04	35.40	6.47	西　　藏
14122.81	8474.59	17617.84	734.22	467.94	陕　　西
6790.86	5734.79	8912.64	361.69	225.20	甘　　肃
990.96	1161.37	1458.03	48.82	30.61	青　　海
2290.32	1066.47	3022.18	468.48	63.77	宁　　夏
4932.44	7003.90	12853.70	215.08	136.09	新　　疆
2735.89	1513.87	2000.47	24.32	56.14	新疆生产建设兵团

3-2-4 建制镇燃气、供热、道路桥梁（2023年）

地区名称 Name of Regions	用气人口 （万人） Population with Access to Gas (10000 persons)	集中供热面积 （万平方米） Area of Centrally Heated District (10000 sq. m)	道路长度 （公里） Length of Roads (km)	本年新增 Added This Year	本年更新改造 Renewal and Upgrading during the Reported Year
全 国 National Total	11198.22	50634.35	482188.81	14343.36	20838.28
北 京 Beijing	92.09	2079.47	2737.03	29.97	104.35
天 津 Tianjin	153.19	4872.78	3394.36	28.97	45.79
河 北 Hebei	525.74	4401.39	15448.96	264.99	641.61
山 西 Shanxi	113.16	1907.72	7641.49	194.99	404.13
内 蒙 古 Inner Mongolia	67.14	3735.86	7663.70	101.87	147.61
辽 宁 Liaoning	96.72	3667.18	8677.01	146.39	489.53
吉 林 Jilin	93.59	3958.32	5795.52	61.37	177.31
黑 龙 江 Heilongjiang	42.42	2629.93	7954.65	23.27	144.59
上 海 Shanghai	675.96	51.20	6274.83	67.19	116.85
江 苏 Jiangsu	1314.53	88.78	38991.97	528.33	1285.49
浙 江 Zhejiang	606.82	767.14	23771.27	626.33	1122.50
安 徽 Anhui	576.57		33857.51	953.19	975.86
福 建 Fujian	485.19		17439.57	531.07	620.75
江 西 Jiangxi	286.54	129.37	18277.01	910.63	1264.72
山 东 Shandong	1125.61	13682.73	37240.33	1186.52	2157.10
河 南 Henan	574.84	1091.65	37407.47	1344.75	1700.98
湖 北 Hubei	469.36	322.39	25792.18	690.20	1553.57
湖 南 Hunan	475.53	242.63	26169.51	1352.41	1877.92
广 东 Guangdong	1329.35		40072.36	852.89	1370.55
广 西 Guangxi	406.00	22.48	14324.29	530.10	497.92
海 南 Hainan	95.56		3453.01	113.89	50.02
重 庆 Chongqing	329.27	2.90	5984.44	224.14	182.24
四 川 Sichuan	798.85		27777.38	892.44	1075.57
贵 州 Guizhou	78.55	92.80	18191.87	575.98	477.78
云 南 Yunnan	55.33	1.50	10972.19	495.57	450.77
西 藏 Xizang	2.02	5.58	776.74	43.75	9.90
陕 西 Shaanxi	163.65	946.94	16060.38	994.44	961.88
甘 肃 Gansu	36.25	1593.95	7551.30	210.04	486.27
青 海 Qinghai	8.35	249.90	1289.85	0.30	16.42
宁 夏 Ningxia	34.44	950.98	1864.60	88.63	148.80
新 疆 Xinjiang	38.13	1213.01	7612.96	170.54	264.94
新疆生产建设兵团 Xinjiang Production and Construction Corps	47.45	1925.77	1723.07	108.21	14.56

Gas, Central Heating, Road and Bridges of Towns (2023)

安装路灯的道路长度 Roads with Lamps	道路面积 （万平方米） Surface Area of Roads （10000 sq. m）	本年新增 Added This year	本年更新改造 Renewal and Upgrading during the Reported Year	桥梁座数 （座） Number of Bridges （unit）	本年新增 Added This year	地区名称 Name of Regions
152595.75	320600.61	11358.51	12834.86	72912	2250	全　　国
1351.68	1675.27	56.30	64.65	399	2	北　　京
1836.69	2442.84	67.46	23.60	507	2	天　　津
5786.40	8653.97	177.01	321.33	2110	54	河　　北
1977.01	4633.60	178.68	222.02	822	22	山　　西
1837.29	4907.73	87.59	64.34	630	24	内 蒙 古
2629.88	5057.73	135.53	272.08	1630	34	辽　　宁
2022.97	3563.53	52.99	99.48	936	26	吉　　林
1975.92	4528.88	32.76	59.73	570	13	黑 龙 江
2853.54	7192.55	115.42	127.93	4152	54	上　　海
18344.01	28530.29	484.44	893.47	7486	161	江　　苏
8809.57	18836.64	570.10	815.98	8645	153	浙　　江
10624.79	22358.09	697.82	590.21	3577	149	安　　徽
6696.28	12094.09	395.13	534.71	2744	43	福　　建
4266.75	11749.92	647.45	723.66	2396	116	江　　西
13942.55	27033.90	898.99	1487.58	5132	220	山　　东
9451.28	22596.83	879.82	948.66	3266	164	河　　南
8200.71	16543.10	795.36	1046.75	2614	134	湖　　北
6457.70	15824.49	795.68	840.78	3088	96	湖　　南
14108.80	27840.50	900.90	1057.94	5658	97	广　　东
3960.14	10766.45	465.70	313.84	1634	68	广　　西
1088.92	2248.87	103.92	63.18	319	20	海　　南
2528.08	4092.85	183.97	96.83	1488	38	重　　庆
7166.45	16871.11	752.61	649.06	4620	165	四　　川
3565.22	11334.01	511.87	239.37	1693	107	贵　　州
2305.31	6377.79	284.17	191.55	1206	24	云　　南
122.22	464.79	27.27	12.24	747	12	西　　藏
3274.73	9521.40	547.05	511.86	2327	111	陕　　西
2155.09	4669.03	180.50	255.15	1214	71	甘　　肃
114.75	740.21	5.48	8.11	254	5	青　　海
559.64	1168.81	75.30	79.52	155	5	宁　　夏
2095.63	4847.94	185.93	186.19	841	59	新　　疆
485.75	1433.40	65.31	33.06	52	1	新疆生产建设兵团

3-2-5 建制镇排水和污水处理（2023年）
Drainage and Wastewater Treatment of Towns (2023)

地区名称 Name of Regions	对生活污水进行处理的建制镇 Township with Domestic Wastewater Treated		污水处理厂 Wastewater Treatment Plant		污水处理装置处理能力（万立方米/日） Treatment Capacity of Wastewater Treatment Facilities (10000 cu. m/day)	排水管道长度（公里） Length of Drainage Pipelines (km)		排水暗渠长度（公里） Length of Drains (km)	
	个数（个） Number (unit)	比例（%） Rate (%)	个数（个） Number of Wastewater Treatment Plants (unit)	处理能力（万立方米/日） Treatment Capacity (10000 cu. m/day)			本年新增 Added This Year		本年新增 Added This Year
全　国 National Total	16001	82.62	15486	3226.57	2567.62	232281.97	12709.62	122102.09	4336.50
北　京 Beijing	113	99.12	143	52.27	53.12	1906.37	46.79	884.54	10.20
天　津 Tianjin	112	99.12	165	20.83	10.40	2164.33	71.32	419.02	
河　北 Hebei	734	64.78	346	97.26	56.38	5429.08	166.91	2825.25	75.61
山　西 Shanxi	419	77.74	324	46.07	33.93	3256.74	362.51	2034.78	103.57
内 蒙 古 Inner Mongolia	197	44.87	139	16.15	12.77	2548.76	105.17	1104.14	22.62
辽　宁 Liaoning	220	35.95	165	31.26	24.98	2620.55	52.10	1616.54	34.75
吉　林 Jilin	226	58.10	177	49.12	19.87	2383.37	115.52	998.30	39.75
黑 龙 江 Heilongjiang	196	40.33	149	31.70	25.77	2344.41	58.70	1324.39	10.38
上　海 Shanghai	102	100.00	16	66.29	60.09	6027.28	147.06	1033.44	16.32
江　苏 Jiangsu	658	100.00	657	396.20	220.95	22166.27	668.66	9580.36	157.98
浙　江 Zhejiang	587	100.00	284	221.75	218.51	16788.16	628.50	5508.57	134.05
安　徽 Anhui	897	97.29	883	140.46	107.65	14212.78	619.25	8770.94	305.91
福　建 Fujian	563	100.00	608	130.24	238.56	7961.16	551.82	4142.74	209.69
江　西 Jiangxi	683	92.93	850	44.54	40.02	7596.61	563.94	5913.00	280.82
山　东 Shandong	1047	99.15	1056	293.47	258.53	18749.27	798.89	11996.01	264.40
河　南 Henan	751	67.72	486	106.59	117.82	13764.17	870.85	9236.55	497.26
湖　北 Hubei	696	99.00	617	172.88	107.93	13046.92	835.59	7029.88	257.26
湖　南 Hunan	1064	99.53	1069	140.17	124.99	17453.45	836.90	6495.64	299.52
广　东 Guangdong	967	96.41	955	628.85	455.96	22804.22	2214.72	12091.18	382.25
广　西 Guangxi	656	93.45	697	66.73	60.70	5172.67	192.82	4178.65	118.52
海　南 Hainan	147	94.23	136	12.16	4.81	1523.73	88.08	902.69	85.76
重　庆 Chongqing	588	100.00	779	78.29	48.20	4713.58	156.37	2189.09	46.63
四　川 Sichuan	1829	97.91	1919	181.24	110.91	13470.77	902.64	7218.03	271.51
贵　州 Guizhou	749	95.54	1309	67.38	60.76	7039.20	379.63	4873.02	260.70
云　南 Yunnan	455	77.51	451	36.47	5.69	3812.66	402.88	2976.62	151.38
西　藏 Xizang	27	36.49	12	0.30	0.13	104.51	4.05	67.06	1.50
陕　西 Shaanxi	561	60.71	537	38.30	40.99	5762.01	308.65	3871.96	154.83
甘　肃 Gansu	379	47.91	294	28.25	20.64	2937.21	161.84	1441.46	67.08
青　海 Qinghai	44	44.00	27	4.34	5.47	404.43	6.28	123.08	0.01
宁　夏 Ningxia	73	94.81	71	5.01	2.39	1072.18	47.01	435.36	18.83
新　疆 Xinjiang	206	63.00	113	11.84	10.48	2001.05	270.75	794.37	57.41
新疆生产建设兵团 Xinjiang Production and Construction Corps	55	98.21	52	10.16	8.22	1044.07	73.42	25.43	

3-2-6 建制镇园林绿化及环境卫生（2023年）
Landscaping and Environmental Sanitation of Towns(2023)

地区名称 Name of Regions	园林绿化(公顷) Landscaping(hectare)				环境卫生 Environmental Sanitation		
	绿化覆盖面积 Green Coverage Area	绿地面积 Area of Parks and Green Space	本年新增 Added This Year	公园绿地面积 Public Green Space	生活垃圾中转站（座） Number of Garbage Transfer Station (unit)	环卫专用车辆设备（辆） Number of Special Vehicles for Environmental Sanitation (unit)	公共厕所（座） Number of Latrines (unit)
全 国 National Total	765727.61	500809.42	14994.13	49995.00	26398	116575	135914
北 京 Beijing	7458.95	4933.39	81.06	319.51	277	1138	1627
天 津 Tianjin	6698.23	4197.58	63.48	376.53	165	1094	989
河 北 Hebei	26113.39	15622.07	346.16	1041.58	996	4482	4948
山 西 Shanxi	14090.37	7295.65	257.53	491.64	604	3608	2710
内 蒙 古 Inner Mongolia	17201.71	11439.46	182.20	875.13	574	2260	3587
辽 宁 Liaoning	14352.48	7539.67	166.71	349.20	435	3033	1958
吉 林 Jilin	9392.23	5801.41	227.87	485.38	312	1817	1280
黑 龙 江 Heilongjiang	8360.01	5763.40	122.91	383.88	316	2884	1278
上 海 Shanghai	25804.20	17056.36	250.19	2556.69	281	2859	1900
江 苏 Jiangsu	83516.85	67854.72	991.81	9801.40	1273	8187	8071
浙 江 Zhejiang	42059.44	28873.11	693.34	2599.18	1213	7771	10503
安 徽 Anhui	50044.96	28694.05	810.20	1950.00	1222	6998	7414
福 建 Fujian	33206.00	24339.41	319.84	3097.41	734	3593	5239
江 西 Jiangxi	21516.97	14813.47	767.19	1106.59	1196	3107	5230
山 东 Shandong	95935.02	62435.78	1091.09	7042.61	1315	6341	6985
河 南 Henan	52199.60	24766.49	1965.51	2715.76	1990	7020	5835
湖 北 Hubei	40161.79	23024.23	1091.03	1741.13	1206	4637	5609
湖 南 Hunan	50748.22	34638.62	686.72	3150.98	1945	4700	6547
广 东 Guangdong	47756.97	33182.07	1118.28	3924.31	1351	9385	18224
广 西 Guangxi	17354.95	11477.37	546.96	1267.07	791	4328	2137
海 南 Hainan	4866.34	3379.23	98.75	176.46	166	1275	684
重 庆 Chongqing	9762.87	5926.68	85.47	301.90	642	2101	3047
四 川 Sichuan	20829.43	15074.37	928.95	1325.06	3241	7356	9531
贵 州 Guizhou	19822.61	12105.15	440.03	559.52	989	3742	4968
云 南 Yunnan	7078.34	4733.48	226.78	280.99	484	2623	4412
西 藏 Xizang	319.16	68.49	0.52	0.14	83	259	626
陕 西 Shaanxi	11901.13	8614.36	491.69	801.33	1241	4002	4643
甘 肃 Gansu	11042.36	5874.52	343.03	265.58	858	2966	3031
青 海 Qinghai	1002.93	655.10	21.89	4.78	101	607	538
宁 夏 Ningxia	3402.16	2100.42	105.17	228.95	136	555	454
新 疆 Xinjiang	7965.64	5828.82	286.00	528.09	246	1466	1600
新疆生产建设兵团 Xinjiang Production and Construction Corps	3762.30	2700.49	185.77	246.22	15	381	309

3-2-7 建制镇房屋（2023年）

地区名称 Name of Regions	住宅 Residential Building					人均住宅建筑面积（平方米）Per Capita Floor Space (sq. m)	公共建筑	
	年末实有建筑面积（万平方米）Total Floor Space of Buildings (Year-End) (10000 sq. m)	混合结构以上 Mixed Strucure and Above	本年竣工建筑面积（万平方米）Floor Space Completed This Year (10000 sq. m)	混合结构以上 Mixed Strucure and above	房地产开发 Real Estate Development		年末实有建筑面积（万平方米）Total Floor Space of Buildings (Year-End) (10000 sq. m)	混合结构以上 Mixed Strucure and Above
全　　国 National Total	660506.97	547493.68	19972.23	14040.12	8359.91	40.02	168883.61	155230.21
北　京 Beijing	4019.79	3762.49	151.44	141.05	98.16	57.38	1361.62	1231.25
天　津 Tianjin	6506.50	6135.95	281.93	249.77	270.11	52.49	1313.21	1286.91
河　北 Hebei	20528.15	16788.06	247.78	187.69	115.10	32.46	3377.10	3207.34
山　西 Shanxi	9168.23	6221.02	278.46	254.10	173.43	34.35	1820.65	1520.58
内 蒙 古 Inner Mongolia	7678.61	6378.11	60.59	19.17	39.28	35.67	2924.97	2680.64
辽　宁 Liaoning	8722.30	6640.43	67.47	48.45	19.60	32.32	2726.97	2544.42
吉　林 Jilin	7914.38	6388.89	32.54	9.65	24.13	38.66	1898.59	1826.44
黑 龙 江 Heilongjiang	8152.45	7109.82	15.29	11.11	5.55	30.75	1754.01	1654.18
上　海 Shanghai	27878.84	25796.81	1300.59	817.17	740.34	74.09	12363.62	12106.67
江　苏 Jiangsu	61070.71	55639.51	2025.26	1689.51	1133.78	50.19	19004.03	18292.82
浙　江 Zhejiang	47942.01	36328.88	2422.50	1985.82	1481.93	69.26	10167.13	9645.52
安　徽 Anhui	38145.65	31428.07	1466.96	1204.40	472.27	36.76	7197.89	6742.74
福　建 Fujian	25429.05	20929.50	604.10	457.56	309.77	40.84	8993.76	8593.75
江　西 Jiangxi	21782.60	17959.34	604.69	509.93	119.49	37.73	6719.25	5772.08
山　东 Shandong	52589.55	41362.23	1467.19	1020.72	702.24	37.23	17046.96	16080.77
河　南 Henan	44429.44	37555.44	903.94	740.24	317.02	34.11	8842.50	8422.19
湖　北 Hubei	29916.38	25117.51	692.83	551.03	136.35	36.02	6159.92	5620.35
湖　南 Hunan	38810.10	31942.96	2638.87	719.14	231.09	36.58	11518.54	7915.51
广　东 Guangdong	53827.38	46390.39	2062.81	1266.06	1276.51	42.15	10607.76	9949.21
广　西 Guangxi	17961.01	15791.64	390.97	336.99	55.14	33.25	4899.72	4689.34
海　南 Hainan	4403.56	4079.07	183.04	176.61	88.94	39.60	686.42	655.86
重　庆 Chongqing	15785.32	14059.33	92.85	86.19	39.68	39.11	3999.89	3919.79
四　川 Sichuan	40440.63	31370.58	630.34	470.93	212.31	39.53	6609.10	6332.02
贵　州 Guizhou	19608.62	14913.87	468.91	360.15	116.65	33.80	3390.50	2744.48
云　南 Yunnan	13044.77	9968.73	274.81	226.89	28.66	35.31	2832.47	2594.22
西　藏 Xizang	591.96	335.78	3.08	1.88		70.57	53.47	47.29
陕　西 Shaanxi	16249.00	13177.23	238.94	211.12	50.46	31.75	3282.40	3099.52
甘　肃 Gansu	7844.92	6188.28	172.95	158.76	31.55	32.52	3832.53	3235.18
青　海 Qinghai	1186.40	908.07	6.35	5.89		34.89	453.20	400.49
宁　夏 Ningxia	2383.23	1981.39	35.66	34.68	23.22	44.56	701.23	670.37
新　疆 Xinjiang	4326.39	3161.83	68.89	51.78	6.37	33.70	1757.70	1218.30
新疆生产建设兵团 Xinjiang Production and Construction Corps	2169.09	1682.48	80.20	35.71	40.80	48.80	586.52	529.99

Building Construction of Towns (2023)

Public Building 本年竣工建筑面积（万平方米）Floor Space Completed This Year (10000 sq. m)	混合结构以上 Mixed Strucure and Above	房地产开发 Real Estate Development	生产性建筑 Industrial Building 年末实有建筑面积（万平方米）Total Floor Space of Buildings (Year-End) (10000 sq. m)	混合结构以上 Mixed Strucure and Above	本年竣工建筑面积（万平方米）Floor Space Completed This Year (10000 sq. m)	混合结构以上 Mixed Strucure and Above	房地产开发 Real Estate Development	地区名称 Name of Regions
5507.26	3704.47	631.60	226616.57	200668.62	10189.06	9229.24	590.58	全　　国
4.00	3.66	1.14	1172.90	971.89	1.60	1.30		北　　京
45.44	43.33	11.23	4182.95	4000.71	58.28	57.93	4.15	天　　津
66.12	58.15	17.67	5477.53	3825.35	80.94	73.25	3.61	河　　北
23.87	19.71	0.57	2505.61	1721.02	24.67	21.68	1.00	山　　西
15.12	13.74	3.18	2035.34	1781.34	15.64	13.50	1.00	内 蒙 古
16.98	13.15		2605.51	2114.06	83.41	66.49	13.00	辽　　宁
36.93	34.35	0.00	1945.98	1714.49	75.18	74.30	0.01	吉　　林
2.32	2.26		2333.94	2166.36	6.27	5.24		黑 龙 江
278.83	240.02	53.15	14319.15	13992.51	441.30	418.05	27.76	上　　海
315.45	277.87	30.86	41551.88	39037.83	1645.34	1593.99	22.07	江　　苏
1593.44	333.82	127.43	27821.31	26446.41	2063.64	2022.02	65.47	浙　　江
267.56	246.88	16.03	7040.85	6106.94	440.64	392.48	13.65	安　　徽
177.33	156.62	26.28	7656.12	6570.86	267.06	159.99	6.65	福　　建
238.40	188.09	26.92	4014.84	3550.00	227.86	179.83	44.33	江　　西
395.79	293.54	117.55	31252.70	27033.45	1060.75	880.18	116.75	山　　东
172.33	159.04	9.47	9394.35	8584.80	238.45	197.40	24.74	河　　南
301.77	283.19	46.27	6820.33	5249.05	379.58	335.96	47.13	湖　　北
337.50	229.69	45.01	5507.52	4845.16	226.57	209.32	43.16	湖　　南
473.46	439.75	43.61	20905.88	17162.55	1919.59	1750.66	92.86	广　　东
94.79	86.70	10.65	3165.10	2483.38	81.74	67.60	2.34	广　　西
13.45	11.20	0.29	351.46	332.48	7.75	6.28	0.14	海　　南
29.93	28.34	1.25	2813.89	2598.33	36.87	34.52	0.02	重　　庆
200.61	174.90	16.88	5678.13	5035.20	281.92	233.77	22.02	四　　川
79.40	68.14	9.08	6598.48	5914.57	164.09	124.50	20.91	贵　　州
73.45	70.85	0.86	2100.04	1720.77	52.63	46.51	0.13	云　　南
3.82	3.82		36.00	34.50	0.30	0.10		西　　藏
100.91	91.75	1.21	2057.00	1762.09	102.71	90.86	0.64	陕　　西
55.71	46.75	5.04	2466.27	1907.09	99.22	91.28		甘　　肃
4.92	4.87		172.68	148.84	3.15	3.08		青　　海
4.95	4.95	2.12	715.29	640.16	9.89	9.89	1.01	宁　　夏
55.33	51.40	4.73	1497.49	885.22	43.32	25.24	16.05	新　　疆
27.34	23.95	3.11	420.06	331.25	48.71	42.03		新疆生产建设兵团

3-2-8 建制镇建设投入（2023年）

计量单位：万元

地区名称 Name of Regions	本年建设投入合计 Total Construction Input of This Year	房屋 Building 小计 Input of House	房地产开发 Real Estate Development	住宅 Residential Building	公共建筑 Public Building	生产性建筑 Industrial Building	小计 Input of Municipal Public Facilities	供水 Water Supply
全国 National Total	92107330	75533189	30648478	46922018	9729299	18881872	16574141	1410080
北京 Beijing	2141677	2064569	165951	1985606	78023	940	77108	1390
天津 Tianjin	1949679	1686970	973772	913982	535364	237624	262709	1788
河北 Hebei	760130	593516	153139	394466	89827	109222	166614	10426
山西 Shanxi	661067	465364	213431	399691	29652	36021	195703	7983
内蒙古 Inner Mongolia	353721	212235	17617	140461	53564	18211	141486	6842
辽宁 Liaoning	551539	435278	108501	197963	41095	196220	116261	8752
吉林 Jilin	547455	406225	91427	85885	68303	252037	141230	13285
黑龙江 Heilongjiang	94055	30685	12345	21047	3695	5943	63371	999
上海 Shanghai	16921212	16025440	10800440	12335561	1607272	2082606	895772	13563
江苏 Jiangsu	10233247	8721408	3267579	4658636	894856	3167915	1511839	92081
浙江 Zhejiang	14176866	12104206	5096007	7050838	1318528	3734840	2072660	129835
安徽 Anhui	4123740	3099694	623197	1999060	389110	711524	1024046	104615
福建 Fujian	2551500	1967246	893600	1188499	322511	456237	584253	72111
江西 Jiangxi	1731231	1057085	235880	594591	233734	228760	674147	77010
山东 Shandong	6075485	4678110	1425032	2367914	513324	1796871	1397376	112040
河南 Henan	2387262	1897171	654203	1340395	233465	323312	490091	54613
湖北 Hubei	2716792	1984830	262923	1139339	376998	468493	731962	86135
湖南 Hunan	2182345	1469854	220041	1083126	219603	167125	712491	74432
广东 Guangdong	11395004	9351741	3796617	4424579	1330898	3596263	2043263	164593
广西 Guangxi	990353	737374	122160	514434	128187	94753	252978	48166
海南 Hainan	429630	270145	71505	244058	18991	7096	159486	7623
重庆 Chongqing	423995	232310	64354	122256	51821	58233	191685	20227
四川 Sichuan	2864414	1781505	325582	965036	331465	485004	1082909	127886
贵州 Guizhou	1663575	1398376	180859	1078523	109304	210550	265200	42135
云南 Yunnan	951596	662866	47817	297567	291788	73512	288730	48162
西藏 Xizang	169285	154777		140965	10081	3730	14509	3765
陕西 Shaanxi	1052923	584624	102106	307806	142271	134547	468299	31571
甘肃 Gansu	1087370	849159	481522	580537	156099	112523	238211	28515
青海 Qinghai	46849	34410	2920	17781	12052	4576	12439	388
宁夏 Ningxia	167890	112164	72810	78163	15118	18883	55726	3779
新疆 Xinjiang	276667	159719	36780	55715	63854	40150	116949	6375
新疆生产建设兵团 Xinjiang Production and Construction Corps	428774	304135	128364	197538	58447	48150	124639	8996

Construction Input of Towns (2023)

Measurement Unit: 10000 RMB

市政公用设施 Municipal Public Facilities									地区名称
燃气 Gas Supply	集中供热 Central Heating	道路桥梁 Road and Bridge	排水 Drainage	污水处理 Wastewater Treatment	园林绿化 Landscaping	环境卫生 Environmental Sanitation	垃圾处理 Garbage Treatment	其他 Other	Name of Regions
695989	441703	5663881	3658976	2620836	1410507	2069400	1113971	1223605	全 国
5893	3199	33792	9899	7970	10841	7121	3505	4973	北 京
1202	29343	57937	15103	7259	127972	11125	4258	18239	天 津
25189	19303	31493	21827	12909	16049	30978	17088	11350	河 北
6172	34276	38753	69347	60999	10648	24471	7563	4053	山 西
12789	31883	36993	24390	20519	3420	21951	17791	3218	内 蒙 古
932	20123	48524	14010	11620	2510	16587	10043	4823	辽 宁
2807	39166	23558	38122	27058	3644	13644	6039	7005	吉 林
	10344	9343	24089	21354	877	8602	5531	9116	黑 龙 江
14617	90	502691	105540	66203	74477	98747	52570	86046	上 海
66105	3646	502838	324914	236750	174828	238487	116874	108941	江 苏
46790	640	862354	351424	227888	258367	253028	104312	170221	浙 江
55902		277931	263637	174196	97478	157629	90157	66854	安 徽
9800		202935	141687	112350	43548	88890	62530	25283	福 建
25542	658	172792	167200	116623	54064	68325	30553	108555	江 西
121130	92858	409885	207452	122244	147183	202713	96824	104116	山 东
37116	8706	130071	94163	56402	50785	87594	41492	27043	河 南
16999	1485	246295	219570	139720	49980	72287	44140	39212	湖 北
25893	1008	138860	303617	236608	31863	87997	48871	48823	湖 南
30442		974796	526829	426008	93607	182714	94996	70281	广 东
1882	35	87916	60311	38715	10679	31867	25232	12121	广 西
2589		37965	38098	34151	1713	69474	66198	2024	海 南
6188	5	39093	53691	39913	17313	29129	16653	26039	重 庆
88796	0	372199	245884	183961	47187	92896	56298	108062	四 川
11611	539	77358	68223	52730	5578	33205	22244	26549	贵 州
1944	10	70918	101878	84428	17202	32895	21029	15721	云 南
0	1345	4293	2349	1680	60	2662	1165	35	西 藏
32311	10570	135961	74044	45883	36920	58522	29320	88400	陕 西
2332	65695	69502	33158	23197	8602	19795	12241	10613	甘 肃
77	1058	2680	1961	1422	436	2709	557	3131	青 海
5772	2530	16452	13125	7734	2047	7475	2598	4545	宁 夏
28551	10801	21438	28978	13178	4107	10830	2978	5870	新 疆
8616	52387	26266	14457	9165	6524	5050	2318	2344	新疆生产建设兵团

3-2-9 乡市政公用设施水平（2023年）

地区名称 Name of Regions	人口密度 （人/平方公里） Population Density (person/sq. km)	人均日生活用水量 （升） Per Capita Daily Water Consumption (liter)	供水普及率 （%） Water Coverage Rate (%)	燃气普及率 （%） Gas Coverage Rate (%)	人均道路面积 （平方米） Road Surface Area Per Capita (sq. m)	排水管道暗渠密度 （公里/平方公里） Density of Drains (km/sq. km)
全 国 National Total	3505	100.07	86.01	37.40	24.61	7.47
北 京 Beijing	2758	137.52	99.50	80.74	25.62	5.01
天 津 Tianjin	768	79.81	85.30	72.73	20.19	2.38
河 北 Hebei	2936	92.26	85.87	65.93	17.88	4.14
山 西 Shanxi	2581	94.50	87.37	25.55	23.93	4.92
内 蒙 古 Inner Mongolia	1744	87.39	73.62	19.50	33.88	3.12
辽 宁 Liaoning	3300	107.62	61.43	15.21	28.24	3.87
吉 林 Jilin	2421	91.39	87.80	34.03	26.60	4.68
黑 龙 江 Heilongjiang	1851	87.00	88.53	9.24	29.07	3.57
上 海 Shanghai	2305	123.22	100.00	78.50	41.79	14.30
江 苏 Jiangsu	5569	88.43	99.12	95.07	21.59	15.89
浙 江 Zhejiang	2993	105.65	92.47	74.18	31.98	10.52
安 徽 Anhui	3546	105.83	90.66	45.51	24.47	10.23
福 建 Fujian	4456	107.21	92.55	61.63	24.23	11.35
江 西 Jiangxi	4172	102.50	85.04	48.36	23.59	10.59
山 东 Shandong	3213	94.04	96.25	70.00	26.02	8.61
河 南 Henan	4125	100.72	86.89	41.55	21.30	6.85
湖 北 Hubei	3322	100.68	87.17	61.50	23.51	8.39
湖 南 Hunan	3449	112.75	76.74	33.20	21.82	6.64
广 东 Guangdong	3012	92.17	100.00	48.89	30.00	8.31
广 西 Guangxi	5417	110.63	94.21	67.68	23.98	10.64
海 南 Hainan	2246	101.72	89.03	77.89	27.78	7.20
重 庆 Chongqing	4464	94.33	91.14	47.49	19.54	12.57
四 川 Sichuan	4328	101.54	86.79	31.21	18.68	8.40
贵 州 Guizhou	3784	108.26	85.75	11.13	32.67	10.94
云 南 Yunnan	4462	98.03	93.92	10.23	19.85	11.08
西 藏 Xizang	4356	101.70	41.23	11.67	50.51	7.27
陕 西 Shaanxi	3089	97.44	73.80	17.33	31.77	7.39
甘 肃 Gansu	3335	76.83	91.66	13.95	22.24	7.18
青 海 Qinghai	4646	84.34	68.02	4.51	19.68	5.84
宁 夏 Ningxia	3083	101.81	95.71	14.99	32.49	7.82
新 疆 Xinjiang	2957	94.17	90.96	10.68	36.84	6.34

Level of Municipal Public Facilities of Built-up Area of Townships(2023)

污水处理率 (%) Wastewater Treatment Rate (%)	污水处理厂集中处理率 Centralized Treatment Rate of Wastewater Treatment Plants	人均公园绿地面积 (平方米) Public Recreational Green Space Per Capita (sq. m)	绿化覆盖率 (%) Green Coverage Rate (%)	绿地率 (%) Green Space Rate (%)	生活垃圾处理率 (%) Domestic Garbage Treatment Rate (%)	无害化处理率 Domestic Garbage Harmless Treatment Rate	地区名称 Name of Regions
33.37	**22.40**	**2.07**	**15.08**	**9.33**	**90.33**	**74.41**	全　　国
36.07	31.52	4.23	23.58	16.35	100.00	99.39	北　　京
87.87	87.87		7.11	2.96	100.00	100.00	天　　津
39.01	21.95	1.32	13.81	9.26	99.20	97.32	河　　北
12.46	8.54	1.27	15.15	9.53	92.16	80.88	山　　西
9.51	6.99	1.72	11.75	7.55	38.32	18.46	内 蒙 古
5.80	4.95	0.43	15.15	7.20	53.12	30.52	辽　　宁
9.05	9.05	2.09	12.04	8.98	100.00	99.80	吉　　林
6.02	4.57	0.87	7.95	5.38	100.00	97.39	黑 龙 江
89.05	89.05	1.15	26.27	22.03	100.00	100.00	上　　海
79.49	71.96	7.21	31.44	24.51	100.00	96.68	江　　苏
87.00	15.93	1.69	12.04	6.76	93.98	88.50	浙　　江
58.54	48.78	2.57	18.03	11.23	99.98	99.13	安　　徽
83.34	61.94	6.32	24.20	15.80	100.00	100.00	福　　建
31.92	23.45	1.23	13.64	8.73	99.88	70.70	江　　西
54.76	33.10	2.30	23.74	13.49	99.97	97.35	山　　东
27.71	20.12	2.59	17.49	8.78	92.17	79.24	河　　南
75.99	50.31	1.46	13.95	8.52	99.40	94.77	湖　　北
19.64	12.82	4.96	20.11	12.96	86.67	60.58	湖　　南
74.64	57.71	1.99	23.21	14.85	66.32	61.53	广　　东
14.15	10.82	3.12	16.32	11.54	97.50	86.65	广　　西
86.36	42.33	0.30	21.92	14.39	100.00	100.00	海　　南
85.60	72.08	0.90	13.05	8.12	97.39	69.89	重　　庆
40.69	34.74	2.30	10.70	7.58	94.64	85.86	四　　川
41.91	33.31	0.64	12.81	7.71	87.77	66.85	贵　　州
38.07	21.98	0.92	9.13	5.86	83.46	57.17	云　　南
1.06	0.39	0.07	10.11	6.01	64.73	14.78	西　　藏
24.40	11.82	0.11	8.08	6.42	89.10	13.28	陕　　西
23.53	20.94	0.66	14.32	9.21	70.44	62.25	甘　　肃
3.66	3.34	0.07	10.03	6.87	58.84	21.62	青　　海
51.98	37.98	2.51	14.53	10.01	94.47	71.63	宁　　夏
20.52	13.87	1.50	19.69	13.43	82.45	49.82	新　　疆

3-2-10 乡基本情况（2023年）

地区名称 Name of Regions	乡个数 （个） Number of Townships (unit)	建成区面积 （公顷） Surface Area of Built-up Districts (hectare)	建成区户籍人口 （万人） Registered Permanent Population (10000 persons)	建成区常住人口 （万人） Permanant Population (10000 persons)
全　国 National Total	7921	567981.37	2079.74	1990.87
北　京 Beijing	15	689.98	2.33	1.90
天　津 Tianjin	3	1084.25	0.70	0.83
河　北 Hebei	571	43774.38	142.46	128.53
山　西 Shanxi	421	29571.16	87.89	76.33
内 蒙 古 Inner Mongolia	261	22605.54	43.59	39.42
辽　宁 Liaoning	187	11040.17	38.02	36.43
吉　林 Jilin	164	12669.94	33.04	30.67
黑 龙 江 Heilongjiang	319	26320.45	66.93	48.72
上　海 Shanghai	2	136.38	0.23	0.31
江　苏 Jiangsu	15	2346.30	13.62	13.07
浙　江 Zhejiang	252	16483.59	59.54	49.33
安　徽 Anhui	215	22738.79	84.48	80.64
福　建 Fujian	242	15770.57	78.32	70.27
江　西 Jiangxi	535	42699.85	189.70	178.15
山　东 Shandong	56	7284.37	25.50	23.40
河　南 Henan	549	87037.69	362.18	359.03
湖　北 Hubei	153	24273.16	77.18	80.64
湖　南 Hunan	380	40533.89	136.77	139.80
广　东 Guangdong	11	734.30	2.99	2.21
广　西 Guangxi	307	12643.25	79.36	68.49
海　南 Hainan	21	891.46	1.95	2.00
重　庆 Chongqing	161	5589.22	28.12	24.95
四　川 Sichuan	626	16029.91	68.39	69.38
贵　州 Guizhou	307	24829.03	95.57	93.95
云　南 Yunnan	536	32349.31	139.84	144.35
西　藏 Xizang	518	8677.16	32.88	37.80
陕　西 Shaanxi	17	957.97	3.15	2.96
甘　肃 Gansu	331	12427.90	44.30	41.45
青　海 Qinghai	220	5788.49	28.15	26.89
宁　夏 Ningxia	87	5350.09	19.28	16.49
新　疆 Xinjiang	439	34652.82	93.29	102.45

注：乡个数不包括已纳入城市（县城）统计的乡个数。

Summary of Townships (2023)

设有村镇建设管理机构的个数（个）Number of Towns with Construction Management Institution (unit)	规划建设管理 Planning and Administer					地区名称 Name of Regions
	村镇建设管理人员（人）Number of Construction Management Personnel (person)	专职人员 Full-time Staff	有总体规划的乡个数（个）Number of Townships with Master Plans (unit)	本年编制 Compiled This Year	本年规划编制投入（万元）Input in Planning This Year (10000 RMB)	
6405	19105	11809	5984	290	63118.96	全　　国
15	76	39	12		300.00	北　　京
3	16	8			10.00	天　　津
456	1200	859	340	22	1451.68	河　　北
415	724	413	198	2	877.00	山　　西
211	452	285	203	5	381.00	内 蒙 古
181	241	205	153	2	543.00	辽　　宁
158	328	245	95	2	1061.14	吉　　林
305	511	332	235	17	237.90	黑 龙 江
2	20	8	2			上　　海
15	88	66	15	3	353.00	江　　苏
204	556	355	222	12	1661.50	浙　　江
184	588	350	184	12	4579.43	安　　徽
220	458	310	226	10	4175.88	福　　建
507	1781	1182	510	29	4569.12	江　　西
55	181	138	49	6	89.00	山　　东
530	2773	1803	444	13	3626.80	河　　南
151	652	409	134	3	3636.00	湖　　北
326	1113	602	306	11	7027.93	湖　　南
9	29	14	11			广　　东
304	1179	790	279	3	3371.60	广　　西
20	341	27	21		40.00	海　　南
160	414	309	148	10	1014.60	重　　庆
295	602	348	263	9	835.80	四　　川
298	729	491	287	29	1428.98	贵　　州
510	1729	1035	504	22	9559.68	云　　南
105	283	89	264	37	2453.30	西　　藏
11	16	10	11	1	32.00	陕　　西
224	643	328	267	6	1645.40	甘　　肃
129	146	91	122	16	425.00	青　　海
81	167	95	78	4	2454.10	宁　　夏
321	1069	573	401	4	5278.12	新　　疆

Note: The number of townships excluding those included in city (county seat) statistics.

3-2-11 乡供水（2023年）

地区名称 Name of Regions	集中供水的乡个数（个） Number of Townships with Access to Piped Water (unit)	占全部乡的比例（%） Percentage of Total Rate (%)	公共供水综合生产能力（万立方米/日） Integrated Production Capacity of Public Water Supply Facilities (10000 cu. m/day)	自备水源单位综合生产能力（万立方米/日） Integrated Production Capacity of Self-built Water Supply Facilities (10000 cu. m/day)	年供水总量（万立方米） Annual Supply of Water (10000 cu. m)
全 国 National Total	7347	92.75	1270.47	438.70	129242.80
北 京 Beijing	15	100.00	2.68	0.80	163.43
天 津 Tianjin	3	100.00	0.36	0.20	32.08
河 北 Hebei	517	90.54	44.88	23.59	6969.81
山 西 Shanxi	407	96.67	29.43	8.97	4743.31
内 蒙 古 Inner Mongolia	234	89.66	17.42	2.78	1882.23
辽 宁 Liaoning	125	66.84	8.11	3.13	1619.61
吉 林 Jilin	164	100.00	20.14	10.66	1664.88
黑 龙 江 Heilongjiang	307	96.24	27.30	50.40	1992.74
上 海 Shanghai	2	100.00	0.96	0.09	48.01
江 苏 Jiangsu	15	100.00	5.28	0.72	765.20
浙 江 Zhejiang	247	98.02	43.66	25.77	3916.75
安 徽 Anhui	214	99.53	38.60	10.47	4824.83
福 建 Fujian	242	100.00	33.81	9.28	5121.56
江 西 Jiangxi	529	98.88	125.13	52.05	10707.30
山 东 Shandong	55	98.21	10.34	3.61	1675.58
河 南 Henan	547	99.64	192.03	98.61	23433.96
湖 北 Hubei	151	98.69	63.96	21.24	5308.75
湖 南 Hunan	371	97.63	125.68	40.25	12262.05
广 东 Guangdong	10	90.91	1.16	0.57	125.69
广 西 Guangxi	305	99.35	42.00	4.22	3801.67
海 南 Hainan	21	100.00	1.17	0.12	160.64
重 庆 Chongqing	161	100.00	7.27	1.54	1289.21
四 川 Sichuan	625	99.84	56.32	15.60	4204.39
贵 州 Guizhou	294	95.77	25.50	8.46	6342.91
云 南 Yunnan	535	99.81	73.03	31.12	10200.79
西 藏 Xizang	230	44.40	109.81	5.23	6789.47
陕 西 Shaanxi	15	88.24	0.68	0.16	112.86
甘 肃 Gansu	328	99.09	28.56	1.78	1865.65
青 海 Qinghai	155	70.45	4.60	0.67	894.49
宁 夏 Ningxia	87	100.00	8.17	1.42	943.81
新 疆 Xinjiang	436	99.32	122.39	5.19	5379.14

Water Supply of Townships (2023)

年生活用水量 Annual Domestic Water Consumption	年生产用水量 Annual Water Consumption for Production	供水管道长度（公里） Length of Water Supply Pipelines (km)	本年新增 Added This Year	用水人口（万人） Population with Access to Water (10000 persons)	地区名称 Name of Regions
62543.40	54265.51	139627.95	6708.86	1712.35	全　国
95.03	30.40	177.90	1.00	1.89	北　京
20.70	10.40	47.31		0.71	天　津
3716.32	2733.63	5075.75	169.46	110.36	河　北
2300.39	1991.90	7308.26	211.61	66.69	山　西
925.60	791.66	2160.17	81.27	29.02	内 蒙 古
879.19	571.73	1727.75	89.95	22.38	辽　宁
898.30	528.59	1900.46	47.02	26.93	吉　林
1369.66	531.41	2982.53	63.16	43.13	黑 龙 江
14.14	10.08	39.00		0.31	上　海
418.03	333.17	529.82	5.10	12.95	江　苏
1758.95	1729.48	4139.99	208.29	45.61	浙　江
2823.92	1559.80	4591.48	307.35	73.11	安　徽
2544.87	1939.48	4189.52	166.42	65.03	福　建
5667.90	3943.99	10416.83	604.64	151.50	江　西
773.16	856.76	1244.29	43.50	22.53	山　东
11469.34	8948.76	14331.57	649.11	311.97	河　南
2583.26	2220.21	5786.76	264.70	70.30	湖　北
4415.32	6867.90	11326.04	293.74	107.28	湖　南
74.40	47.70	95.98	15.54	2.21	广　东
2605.46	981.70	3155.38	164.83	64.52	广　西
66.18	74.47	158.65	16.90	1.78	海　南
783.01	409.01	1777.71	134.73	22.74	重　庆
2231.57	1347.29	8194.43	357.67	60.21	四　川
3183.40	2200.80	8553.41	1137.32	80.56	贵　州
4850.84	4672.42	16818.33	935.81	135.57	云　南
578.45	6027.08	2801.66	166.90	15.58	西　藏
77.67	18.38	117.66	3.13	2.18	陕　西
1065.35	645.72	2319.97	66.48	37.99	甘　肃
563.11	311.58	1979.28	50.62	18.29	青　海
586.64	306.51	1105.83	98.82	15.79	宁　夏
3203.24	1623.50	14574.23	353.79	93.19	新　疆

3-2-12 乡燃气、供热、道路桥梁（2023年）

地区名称 Name of Regions	用气人口 （万人） Population with Access to Gas (10000 persons)	集中供热 （万平方米） Area of Centrally Heated District (10000 sq. m)	道路长度 （公里） Length of Roads (km)	本年新增 Added This Year	本年更新改造 Renewal and Upgrading during The Reported Year
全 国 National Total	744.59	2561.65	87519.04	3367.84	4463.75
北 京 Beijing	1.54	26.71	92.72	0.86	6.29
天 津 Tianjin	0.61	4.00	38.52		
河 北 Hebei	84.74	390.79	4599.94	95.53	226.79
山 西 Shanxi	19.51	320.62	3237.24	100.27	124.87
内 蒙 古 Inner Mongolia	7.69	208.99	2433.49	106.20	177.63
辽 宁 Liaoning	5.54	160.26	1974.41	123.30	104.47
吉 林 Jilin	10.44	136.75	1522.83	34.69	95.12
黑 龙 江 Heilongjiang	4.50	169.09	2730.16	21.62	54.32
上 海 Shanghai	0.25		30.31		1.30
江 苏 Jiangsu	12.42		431.43	9.46	17.74
浙 江 Zhejiang	36.60		2885.12	73.41	188.81
安 徽 Anhui	36.70		3578.03	212.16	228.23
福 建 Fujian	43.31		2931.45	75.53	95.77
江 西 Jiangxi	86.15	53.10	7362.27	382.15	615.43
山 东 Shandong	16.38	130.31	942.22	80.00	50.01
河 南 Henan	149.17	179.64	13444.28	635.40	557.41
湖 北 Hubei	49.59	12.21	3196.35	110.85	185.95
湖 南 Hunan	46.41	36.00	5226.58	253.05	471.53
广 东 Guangdong	1.08		146.49	4.44	17.14
广 西 Guangxi	46.35	1.00	2650.82	125.94	82.85
海 南 Hainan	1.56		116.04	4.84	10.00
重 庆 Chongqing	11.85		898.59	33.84	42.04
四 川 Sichuan	21.65		2566.06	68.69	95.11
贵 州 Guizhou	10.46	31.86	5123.12	208.66	170.75
云 南 Yunnan	14.77		5406.08	237.15	211.12
西 藏 Xizang	4.41	36.45	3521.56	58.21	85.16
陕 西 Shaanxi	0.51	8.49	188.39	13.99	29.56
甘 肃 Gansu	5.78	130.35	1711.14	38.88	87.40
青 海 Qinghai	1.21	61.42	989.76	20.34	21.97
宁 夏 Ningxia	2.47	94.77	898.86	60.83	63.20
新 疆 Xinjiang	10.94	368.84	6644.78	177.55	345.78

Gas, Central Heating, Roads and Bridges of Townships (2023)

安装路灯的道路长度 Roads with Lamps	道路面积（万平方米）Surface Area of Roads (10000 sq. m)	本年新增 Added This year	本年更新改造 Renewal and Upgrading during The Reported Year	桥梁座数（座）Number of Bridges (unit)	本年新增 Added This year	地区名称 Name of Regions
22621.33	48987.01	2317.12	2432.14	15233	663	全　　国
55.30	48.75	1.78	2.82	21		北　　京
17.00	16.82			2		天　　津
1614.48	2298.32	57.21	122.33	788	20	河　　北
882.69	1826.39	61.64	68.31	716	20	山　　西
394.90	1335.53	69.05	110.76	216	10	内 蒙 古
406.31	1029.02	51.34	55.14	390	13	辽　　宁
489.42	815.94	20.18	36.35	244	2	吉　　林
734.24	1416.53	22.35	20.68	248	10	黑 龙 江
10.56	13.14		0.57	10		上　　海
223.98	282.12	5.35	9.05	87	1	江　　苏
612.09	1577.59	55.37	60.59	881	13	浙　　江
1179.86	1973.43	112.00	135.13	843	31	安　　徽
884.48	1702.52	63.76	76.62	765	18	福　　建
1766.33	4202.68	285.54	351.81	1466	75	江　　西
257.49	608.85	44.41	18.14	236	12	山　　东
3611.15	7646.38	381.07	316.90	1491	44	河　　南
1649.06	1895.90	142.18	118.42	399	44	湖　　北
1060.67	3049.99	170.35	266.53	1065	30	湖　　南
44.69	66.34	2.62	4.22	26		广　　东
794.48	1642.22	91.48	36.87	505	30	广　　西
44.01	55.61	2.26	4.12	40	10	海　　南
330.13	487.59	27.92	19.16	275	6	重　　庆
465.17	1295.71	54.17	40.71	803	30	四　　川
1048.86	3069.81	173.06	95.94	423	28	贵　　州
1146.63	2864.91	119.98	111.30	695	35	云　　南
430.32	1909.14	65.10	38.05	1120	119	西　　藏
17.50	94.02	12.02	10.20	11	1	陕　　西
373.39	921.95	26.08	51.01	353	25	甘　　肃
152.96	529.35	17.97	28.90	240	3	青　　海
255.35	535.91	52.35	43.72	133	9	宁　　夏
1667.83	3774.55	128.53	177.79	741	24	新　　疆

3-2-13 乡排水和污水处理（2023年）
Drainage and Wastewater Treatment of Townships (2023)

地区名称 Name of Regions	对生活污水进行处理的乡 Township with Domestic Wastewater Treated		污水处理厂 Wastewater Treatment Plant		污水处理装置处理能力（万立方米/日） Treatment Capacity of Wastewater Treatment Facilities (10000 cu. m/day)	排水管道长度（公里） Length of Drainage Pipelines (km)	本年新增 Added This Year	排水暗渠长度（公里） Length of Drains (km)	本年新增 Added This Year
	个数（个）Number (unit)	比例（%）Rate (%)	个数（个）Number of Wastewater Treatment Plants (unit)	处理能力（万立方米/日）Treatment Capacity (10000 cu. m/day)					
全　　国 National Total	3870	48.86	2753	121.59	112.43	23528.95	1640.56	18902.45	947.94
北　　京 Beijing	8	53.33	10	0.19	0.83	21.00	1.60	13.55	0.50
天　　津 Tianjin	3	100.00	3	0.06	0.09	22.75		3.06	
河　　北 Hebei	279	48.86	44	3.21	1.27	1133.12	52.16	678.76	43.49
山　　西 Shanxi	91	21.62	24	4.80	4.12	818.34	43.04	635.25	13.14
内　蒙　古 Inner Mongolia	31	11.88	9	0.08	0.03	380.68	9.81	324.93	14.66
辽　　宁 Liaoning	25	13.37	13	0.36	0.30	245.95		181.66	2.00
吉　　林 Jilin	37	22.56	14	0.75	0.20	317.08	21.65	275.66	9.10
黑　龙　江 Heilongjiang	31	9.72	17	0.22	0.12	462.36	15.98	477.07	3.44
上　　海 Shanghai	2	100.00	2	0.11	0.11	13.50		6.00	
江　　苏 Jiangsu	15	100.00	12	1.08	0.99	250.68	2.71	122.06	0.72
浙　　江 Zhejiang	251	99.60	58	3.82	4.01	968.29	18.12	765.92	18.41
安　　徽 Anhui	203	94.42	195	11.63	11.20	1327.37	82.34	997.98	36.89
福　　建 Fujian	242	100.00	302	15.21	12.44	1159.11	66.66	630.21	21.45
江　　西 Jiangxi	348	65.05	331	8.19	13.60	2440.97	165.45	2079.69	166.59
山　　东 Shandong	45	80.36	36	1.08	1.23	372.15	16.05	255.21	6.02
河　　南 Henan	296	53.92	175	18.30	20.89	3329.27	284.72	2629.92	142.19
湖　　北 Hubei	151	98.69	115	10.93	9.70	1123.18	67.85	912.18	41.04
湖　　南 Hunan	218	57.37	140	6.10	5.49	1541.11	102.18	1149.64	59.67
广　　东 Guangdong	10	90.91	25	0.93	0.56	25.18	1.53	35.83	1.02
广　　西 Guangxi	80	26.06	73	1.82	1.62	694.11	33.60	651.18	60.43
海　　南 Hainan	18	85.71	33	0.30	0.22	36.52	1.50	27.66	0.70
重　　庆 Chongqing	159	98.76	172	4.67	3.42	399.78	20.95	302.72	7.55
四　　川 Sichuan	326	52.08	223	6.02	4.63	741.29	36.90	604.82	27.85
贵　　州 Guizhou	202	65.80	138	9.54	7.54	1160.08	67.32	1555.60	35.46
云　　南 Yunnan	365	68.10	353	6.94	3.92	1757.67	190.35	1827.38	99.95
西　　藏 Xizang	55	10.62	24	0.44	0.21	253.25	57.85	377.59	18.67
陕　　西 Shaanxi	9	52.94	5	0.12	0.12	31.49	0.80	39.34	2.45
甘　　肃 Gansu	109	32.93	73	1.54	0.95	498.39	24.96	393.51	17.33
青　　海 Qinghai	21	9.55	7	0.38	0.39	200.66	13.40	137.37	3.01
宁　　夏 Ningxia	55	63.22	51	1.53	0.68	279.46	5.66	139.00	8.55
新　　疆 Xinjiang	185	42.14	76	1.24	1.54	1524.16	235.42	671.70	85.66

3-2-14 乡园林绿化及环境卫生（2023年）
Landscaping and Environmental Sanitation of Townships (2023)

地区名称 Name of Regions	园林绿化(公顷) Landscaping(hectare)				环境卫生 Environmental Sanitation		
	绿化覆盖面积 Green Coverage Area	绿地面积 Area of Parks and Green Space	本年新增 Added This Year	公园绿地面积 Public Green Space	生活垃圾中转站（座） Number of Garbage Transfer Station (unit)	环卫专用车辆设备（辆） Number of Special Vehicles for Environmental Sanitation (unit)	公共厕所（座） Number of Latrines (unit)
全 国 National Total	85627.07	52996.43	3042.65	4128.88	8506	27500	35746
北 京 Beijing	162.73	112.82	2.10	8.04	6	81	162
天 津 Tianjin	77.12	32.07	3.00		7	15	17
河 北 Hebei	6046.80	4052.13	152.36	169.86	451	1673	2286
山 西 Shanxi	4480.82	2819.14	374.85	96.57	297	1763	1386
内 蒙 古 Inner Mongolia	2655.70	1706.03	24.88	67.77	203	1131	1491
辽 宁 Liaoning	1672.40	794.81	25.16	15.83	108	696	449
吉 林 Jilin	1524.99	1138.16	23.69	64.03	105	621	353
黑 龙 江 Heilongjiang	2093.10	1417.19	77.77	42.19	95	1462	543
上 海 Shanghai	35.83	30.05		0.36	4	16	4
江 苏 Jiangsu	737.78	575.09	3.61	94.17	20	99	125
浙 江 Zhejiang	1984.16	1113.51	53.43	83.17	318	969	1942
安 徽 Anhui	4099.36	2552.63	85.71	207.46	226	1161	1334
福 建 Fujian	3816.51	2491.61	45.42	444.03	244	727	1407
江 西 Jiangxi	5825.67	3729.15	177.08	219.88	1854	1633	2734
山 东 Shandong	1729.15	982.84	34.26	53.91	60	225	256
河 南 Henan	15225.84	7637.91	687.98	928.50	847	2633	2566
湖 北 Hubei	3385.42	2067.69	214.78	117.88	190	795	925
湖 南 Hunan	8152.14	5254.58	301.13	693.72	560	982	1797
广 东 Guangdong	170.42	109.03	1.82	4.41	8	58	78
广 西 Guangxi	2063.10	1459.61	43.78	213.89	284	1071	691
海 南 Hainan	195.37	128.30	4.97	0.60	17	101	82
重 庆 Chongqing	729.31	453.80	15.67	22.58	162	373	482
四 川 Sichuan	1714.71	1214.81	52.05	159.73	693	1343	2220
贵 州 Guizhou	3179.97	1914.85	101.50	60.25	306	1195	1606
云 南 Yunnan	2953.05	1894.71	107.66	132.08	281	1553	3403
西 藏 Xizang	877.31	521.46	49.28	2.69	357	1226	3186
陕 西 Shaanxi	77.38	61.53	7.80	0.33	14	56	110
甘 肃 Gansu	1779.81	1144.65	85.12	27.44	271	960	961
青 海 Qinghai	580.31	397.72	45.79	2.01	133	908	811
宁 夏 Ningxia	777.34	535.31	74.21	41.47	94	413	340
新 疆 Xinjiang	6823.47	4653.24	165.79	154.03	291	1561	1999

3-2-15 乡房屋（2023年）

地区名称 Name of Regions	住宅 Residential Building					人均住宅建筑面积（平方米）Per Capita Floor Space (sq. m)	公共建筑	
	年末实有建筑面积（万平方米）Total Floor Space of Buildings (year-end) (10000 sq. m)	混合结构以上 Mixed Strucure and Above	本年竣工建筑面积（万平方米）Floor Space Completed This Year (10000 sq. m)	混合结构以上 Mixed Strucure and Above	房地产开发 Real Estate Development		年末实有建筑面积（万平方米）Total Floor Space of Buildings (year-end) (10000 sq. m)	混合结构以上 Mixed Strucure and Above
全 国 National Total	75336.95	55544.41	1435.36	1197.85	194.19	36.22	20572.27	17033.29
北 京 Beijing	144.86	136.72	3.01	3.01		62.23	16.65	16.15
天 津 Tianjin	37.22	31.62				53.50	4.15	4.10
河 北 Hebei	4386.60	3527.59	71.68	43.13	4.84	30.79	663.25	618.03
山 西 Shanxi	2670.75	1701.64	17.55	16.63		30.39	916.99	416.11
内 蒙 古 Inner Mongolia	1433.96	1162.25	2.80	2.31	0.06	32.90	755.68	737.37
辽 宁 Liaoning	941.79	665.46	9.59	5.33		24.77	313.60	291.53
吉 林 Jilin	951.04	717.35	0.91	0.86	0.02	28.78	257.30	250.22
黑 龙 江 Heilongjiang	1784.09	1602.86	6.46	6.35		26.66	381.22	372.49
上 海 Shanghai	15.73	14.00				67.34	10.44	9.63
江 苏 Jiangsu	616.93	519.59	4.21	4.09	1.00	45.29	148.38	141.77
浙 江 Zhejiang	2707.93	1990.63	56.48	54.56	17.32	45.48	618.23	413.68
安 徽 Anhui	3089.17	2560.76	116.87	99.45	12.53	36.57	711.15	638.46
福 建 Fujian	3371.65	2385.74	37.06	31.78	1.46	43.05	990.72	913.75
江 西 Jiangxi	7088.91	5990.35	166.02	157.51	14.55	37.37	1917.16	1416.99
山 东 Shandong	908.02	709.70	31.31	29.96	6.98	35.61	327.48	311.69
河 南 Henan	12339.73	10157.13	263.02	221.63	83.98	34.07	2350.29	2249.40
湖 北 Hubei	2511.52	1964.13	66.96	55.04	8.07	32.54	566.64	505.39
湖 南 Hunan	4328.42	3628.15	140.61	96.97	3.22	31.65	917.08	769.20
广 东 Guangdong	99.74	61.46	3.23	3.23		33.40	13.09	12.85
广 西 Guangxi	2582.39	2116.74	54.08	49.27	4.37	32.54	686.54	661.32
海 南 Hainan	71.43	66.23	0.57	0.51	0.23	36.71	16.49	15.83
重 庆 Chongqing	973.72	869.42	9.95	7.77	2.15	34.62	217.18	210.18
四 川 Sichuan	2504.61	2024.85	50.92	45.99	0.70	36.62	688.97	611.23
贵 州 Guizhou	4178.50	2337.80	90.24	83.03	2.61	43.72	705.98	622.71
云 南 Yunnan	5106.72	3933.97	113.77	77.83	1.79	36.52	2361.12	1274.51
西 藏 Xizang	1894.57	450.87	23.36	18.79	0.30	57.63	398.01	221.64
陕 西 Shaanxi	111.21	96.81	2.79	2.79		35.32	16.27	15.92
甘 肃 Gansu	1309.59	995.02	27.15	25.90	0.47	29.56	556.02	525.76
青 海 Qinghai	874.17	670.16	5.53	5.49		31.06	238.27	228.38
宁 夏 Ningxia	527.70	439.31	31.58	31.58	24.74	27.36	230.84	215.37
新 疆 Xinjiang	5774.29	2016.11	27.65	17.05	2.79	61.90	2577.09	2341.68

Building Construction of Townships(2023)

Public Building			年末实有建筑面积(万平方米) Total Floor Space of Buildings (year-end) (10000 sq. m)	混合结构以上 Mixed Strucure and Above	Industrial Building			地区名称 Name of Regions
本年竣工建筑面积(万平方米) Floor Space Completed This Year (10000 sq. m)	混合结构以上 Mixed Strucure and Above	房地产开发 Real Estate Development			本年竣工建筑面积(万平方米) Floor Space Completed This Year (10000 sq. m)	混合结构以上 Mixed Strucure and Above	房地产开发 Real Estate Development	
793.70	**695.27**	**47.07**	**13002.24**	**9990.27**	**568.91**	**497.91**	**74.48**	全　　国
			7.55	7.55				北　　京
			7.64	6.83				天　　津
10.22	8.45	1.18	818.01	666.03	13.73	11.82	2.24	河　　北
13.90	11.54	1.10	821.47	663.03	70.59	70.54	52.00	山　　西
3.53	2.16	1.00	245.81	226.10	6.95	5.70	1.00	内 蒙 古
0.59	0.40		148.57	117.26	0.13	0.08		辽　　宁
14.77	14.58		276.81	245.33	9.60	9.59		吉　　林
0.99	0.61		298.35	278.47	1.68	1.29		黑 龙 江
			8.55	8.09				上　　海
1.74	1.74		308.65	286.66	12.38	12.38	0.60	江　　苏
91.99	81.01		412.98	372.04	71.85	71.69	1.12	浙　　江
48.62	40.17	0.02	478.86	384.70	22.15	20.28	0.11	安　　徽
11.34	10.88		648.38	523.65	16.95	15.34		福　　建
84.13	78.17	2.61	1218.78	961.84	57.74	51.21	0.30	江　　西
6.71	5.70	2.46	341.52	304.17	10.97	7.79	0.22	山　　东
54.74	44.97	3.83	2070.59	1822.95	53.75	48.00	1.27	河　　南
29.62	25.13	3.75	415.68	312.44	36.12	32.89	6.36	湖　　北
49.78	43.38	6.06	629.30	436.54	48.37	29.16	2.01	湖　　南
0.40	0.40		4.79	3.73	0.40	0.40		广　　东
10.56	10.31	1.68	501.69	356.99	8.97	7.90		广　　西
			11.63	11.57	1.56	1.56		海　　南
5.73	5.73		78.27	68.13	0.69	0.59	0.02	重　　庆
34.86	33.03	0.52	419.16	354.78	16.75	11.58	0.75	四　　川
198.10	164.63	21.33	281.34	190.68	27.49	18.95	0.20	贵　　州
31.63	29.18	0.42	1218.64	526.22	47.31	37.22	0.32	云　　南
32.48	30.13		304.67	48.31	0.90	0.61		西　　藏
2.35	2.34		7.50	6.58	0.01	0.01		陕　　西
6.67	6.43	0.10	369.24	306.08	5.04	4.97		甘　　肃
7.91	7.88		43.46	39.62	1.81	1.80		青　　海
2.31	1.53		194.76	144.44	4.70	4.50	0.10	宁　　夏
38.05	34.82	1.01	409.61	309.49	20.35	20.07	5.87	新　　疆

3-2-16 乡建设投入（2023年）

计量单位：万元

地区名称 Name of Regions	本年建设投入合计 Total Construction Input of This Year	房屋 Building				小计 Input of Municipal Public Facilities	供水 Water Supply
		小计 Input of House	房地产开发 Real Estate Development	住宅 Residential Building	公共建筑 Public Building	生产性建筑 Industrial Building	
全　国 National Total	4429086	3059460	387547	1746989	828537	483935	1369626	160715
北　京 Beijing	6921	2500	950	2500			4420	395
天　津 Tianjin	6						6	
河　北 Hebei	147376	121304	12144	92575	13949	14780	26072	2246
山　西 Shanxi	105464	41563	150	18717	14890	7956	63901	11970
内 蒙 古 Inner Mongolia	35558	18109	289	4224	5808	8077	17449	1790
辽　宁 Liaoning	11746	4820	3	3488	1039	293	6925	359
吉　林 Jilin	64070	36580		1154	18046	17380	27490	384
黑 龙 江 Heilongjiang	20891	8966	50	5099	1798	2069	11925	1499
上　海 Shanghai	1180						1180	
江　苏 Jiangsu	58856	39930	1500	19410	3032	17488	18926	309
浙　江 Zhejiang	243189	168624	22197	75339	62885	30400	74566	10262
安　徽 Anhui	380668	298114	24629	204050	66663	27401	82554	14372
福　建 Fujian	169524	82275	10378	51036	18546	12694	87249	7183
江　西 Jiangxi	524947	341501	28371	188589	101143	51769	183446	15671
山　东 Shandong	57312	47940	8312	35964	5075	6901	9371	1422
河　南 Henan	533160	390837	35248	268458	64415	57964	142323	12485
湖　北 Hubei	249836	149190	8055	52707	62331	34152	100646	7728
湖　南 Hunan	257480	185863	5316	113195	45189	27480	71617	8815
广　东 Guangdong	26764	13950	2880	12650	700	600	12814	342
广　西 Guangxi	100402	71414	1433	49138	14540	7736	28988	3322
海　南 Hainan	13080	9509	438	7954	55	1500	3571	54
重　庆 Chongqing	39581	18619	5169	12050	5603	967	20962	1543
四　川 Sichuan	165189	127844	6812	76594	37760	13491	37345	2997
贵　州 Guizhou	141614	102341	3385	70217	22006	10118	39274	14236
云　南 Yunnan	362919	243321	6650	136277	48959	58085	119598	21797
西　藏 Xizang	151209	107296	647	54588	48569	4139	43913	8412
陕　西 Shaanxi	6995	5340		2400	2934	6	1655	119
甘　肃 Gansu	94664	64508	1210	44127	11668	8713	30155	3034
青　海 Qinghai	50736	29227		7831	17368	4028	21509	978
宁　夏 Ningxia	132240	118762	107663	72759	40694	5310	13477	408
新　疆 Xinjiang	275509	209211	93665	63899	92872	52439	66299	6582

Construction Input of Townships(2023)

Measurement Unit: 10000 RMB

市政公用设施 Municipal Public Facilities									地区名称
燃 气 Gas Supply	集中供热 Central Heating	道路桥梁 Road and Bridge	排 水 Drainage	污水处理 Wastewater Treatment	园林绿化 Landscaping	环境卫生 Environ- mental Sanitation	垃圾处理 Garbage Treatment	其 他 Other	Name of Regions
36680	**34202**	**383547**	**325500**	**237025**	**109001**	**199786**	**107748**	**120194**	全 国
	150	210	810	795	270	1585	523	1000	北 京
						6	6		天 津
3791	1360	6766	3864	1210	2228	4972	2337	846	河 北
778	12059	3894	13567	3164	4690	16455	1552	488	山 西
50	760	5620	4292	1565	1492	2155	1119	1291	内 蒙 古
5	2446	1398	432	43	481	1742	1212	61	辽 宁
42	3169	16059	3012	2008	829	2434	1594	1561	吉 林
	470	3197	2215	2016	515	3109	1652	920	黑 龙 江
		30	250	97	50	50	10	800	上 海
1550		3068	2659	2395	2287	4077	1721	4976	江 苏
677	0	19696	11539	8611	10806	10857	5610	10728	浙 江
3421		19370	20563	15853	5962	11137	6272	7728	安 徽
114		35155	21326	16129	6130	13797	9778	3543	福 建
3106	88	51875	46626	32566	14614	24263	11962	27203	江 西
571	729	1505	1143	846	1310	1916	982	776	山 东
9607	2542	40363	26408	14757	18633	26598	14027	5686	河 南
2838		45365	21931	18509	7281	8780	5644	6724	湖 北
873	26	11945	23436	18855	5231	15509	8570	5782	湖 南
		11252	843	843	126	250	170		广 东
20		10706	6939	4742	2710	3939	3132	1352	广 西
		1884	8	5	15	851	123	760	海 南
283		4090	4202	3490	3935	2898	1464	4011	重 庆
1975		12700	8655	5121	3454	4244	2745	3320	四 川
278	122	4763	11592	10291	1338	5391	4034	1554	贵 州
245		22816	49048	42652	7472	11765	8063	6455	云 南
80	4473	11514	2836	2480	329	2270	2039	13998	西 藏
30	1	111	205	45	106	585	194	498	陕 西
183	1227	13548	3994	2733	1606	5013	3395	1550	甘 肃
9		11679	2736	2525	1433	3986	2228	689	青 海
29	508	4752	1728	871	1539	1870	900	2643	宁 夏
6125	4073	8215	28642	21806	2127	7283	4689	3251	新 疆

3-2-17 镇乡级特殊区域市政公用设施水平（2023年）

地区名称 Name of Regions	人口密度 （人/平方公里） Population Density (person/sq. km)	人均日生活用水量 （升） Per Capita Daily Water Consumption (liter)	供水普及率 （%） Water Coverage Rate (%)	燃气普及率 （%） Gas Coverage Rate (%)	人均道路面积 （平方米） Road Surface Area Per Capita (sq. m)	排水管道暗渠密度 （公里/平方公里） Density of Drains (km/sq. km)
全　国 National Total	2951	121.05	92.22	67.38	24.13	6.10
河　北 Hebei	2770	97.81	88.39	78.42	19.92	7.03
山　西 Shanxi	3116	104.67	98.49	63.50	65.22	2.93
内 蒙 古 Inner Mongolia	1843	86.54	81.48	5.04	65.60	3.51
辽　宁 Liaoning	2035	94.26	34.28	60.36	20.53	1.60
吉　林 Jilin	4016	90.92	98.50	24.54	24.41	7.21
黑 龙 江 Heilongjiang	400	85.69	74.34	18.69	89.50	1.54
上　海 Shanghai	2002	85.85	71.59	27.61	6.35	2.06
江　苏 Jiangsu	4466	94.24	97.68	80.71	17.20	10.54
浙　江 Zhejiang	1346	82.88	100.00	84.03	75.63	8.37
安　徽 Anhui	6260	101.62	72.68	51.66	19.62	17.55
福　建 Fujian	6097	104.81	79.46	69.26	19.84	11.45
江　西 Jiangxi	2798	106.19	95.51	67.04	21.95	6.50
山　东 Shandong	1796	85.20	99.11	69.27	23.31	6.70
河　南 Henan	4482	62.55	86.23	76.24	16.12	13.69
湖　北 Hubei	2586	101.22	96.59	56.42	36.20	9.52
湖　南 Hunan	4787	112.84	66.88	28.54	21.82	14.93
广　东 Guangdong	3261	197.08	98.87	89.09	19.80	10.30
广　西 Guangxi	1123	181.85	100.00	81.46	32.87	3.55
海　南 Hainan	8514	117.20	99.41	85.22	9.22	11.52
云　南 Yunnan	4711	100.67	89.16	28.44	29.12	9.63
甘　肃 Gansu	9879	67.23	100.00		25.31	9.24
宁　夏 Ningxia	3707	96.70	97.95	63.50	22.03	6.49
新　疆 Xinjiang	2606	92.16	97.65	40.26	48.96	6.37
新疆生产建设兵团 Xinjiang Production and Construction Corps	3194	135.12	98.96	73.34	23.04	6.10

Level of Municipal Public Facilities of Built-up Area of Special District at Township Level (2023)

污水处理率 (%) Wastewater Treatment Rate (%)	污水处理厂集中处理率 Centralized Treatment Rate of Wastewater Treatment Plants	人均公园绿地面积（平方米） Public Recreational Green Space Per Capita (sq. m)	绿化覆盖率 (%) Green Coverage Rate (%)	绿地率 (%) Green Space Rate (%)	生活垃圾处理率 (%) Domestic Garbage Treatment Rate (%)	无害化处理率 Domestic Garbage Harmless Treatment Rate	地区名称 Name of Regions
53.51	47.44	5.08	19.95	14.95	95.24	69.36	全　国
61.28	42.56	2.90	11.96	6.28	100.00	83.50	河　北
39.77	39.77	0.94	10.88	4.33	23.17	16.22	山　西
3.07	1.54	0.31	16.09	8.75	23.11	16.59	内 蒙 古
15.24	15.24	4.07	6.42	5.28	83.07	75.27	辽　宁
4.21	4.21	1.65	13.37	10.18	100.00	100.00	吉　林
18.34	1.93	6.54	15.25	5.26	100.00	98.91	黑 龙 江
88.37	88.37	10.01	28.68	28.57	98.70	98.70	上　海
79.04	61.51	9.79	24.38	19.64	100.00	66.26	江　苏
26.32	1.32		10.86	6.33	78.26	78.26	浙　江
10.74	10.74	2.62	25.00	13.77	98.91	98.62	安　徽
95.81	79.33	2.88	21.73	18.28	100.00	100.00	福　建
40.19	25.88	1.58	9.69	6.08	100.00	60.47	江　西
28.48	25.44	30.77	17.95	14.41	100.00	100.00	山　东
3.78	2.59	16.17	34.26	20.25	84.45	74.59	河　南
75.05	51.94	1.22	21.52	13.04	99.59	96.04	湖　北
15.01	15.01	5.17	15.21	11.78	72.80	25.94	湖　南
11.31	2.72	0.23	14.53	4.95	100.00	100.00	广　东
95.66	95.66		23.78	10.22	100.00	98.34	广　西
99.67	98.30	3.37	13.40	7.78	100.00	100.00	海　南
2.50	2.50	1.10	9.78	6.43	65.03	31.26	云　南
100.00	100.00		30.30	18.18	100.00	100.00	甘　肃
30.72	18.68	0.73	17.20	13.29	90.99	75.43	宁　夏
27.12	17.05	0.10	17.19	9.29	93.68	52.80	新　疆
58.52	55.63	5.47	24.60	20.48	98.72	63.39	新疆生产建设兵团

3-2-18　镇乡级特殊区域基本情况（2023年）

地区名称 Name of Regions	镇乡级特殊区域个数（个） Number of Special District at Township Level（unit）	建成区面积（公顷） Surface Area of Built-up Districts（hectare）	建成区户籍人口（万人） Registered Permanent Population（10000 persons）	建成区常住人口（万人） Permanant Population（10000 persons）
全　　国 National Total	385	60670.89	136.03	179.06
河　　北 Hebei	20	1487.39	4.15	4.12
山　　西 Shanxi	4	102.33	0.37	0.32
内　蒙　古 Inner Mongolia	31	1960.90	3.76	3.61
辽　　宁 Liaoning	24	4717.72	8.55	9.60
吉　　林 Jilin	6	166.30	0.73	0.67
黑　龙　江 Heilongjiang	39	3864.22	3.13	1.55
上　　海 Shanghai	1	1447.00	0.79	2.90
江　　苏 Jiangsu	8	967.57	3.95	4.32
浙　　江 Zhejiang	1	442.03	1.43	0.60
安　　徽 Anhui	11	682.30	3.81	4.27
福　　建 Fujian	8	812.00	2.87	4.95
江　　西 Jiangxi	26	2142.31	8.45	5.99
山　　东 Shandong	5	2769.00	5.77	4.97
河　　南 Henan	5	248.40	0.83	1.11
湖　　北 Hubei	26	3202.00	8.01	8.28
湖　　南 Hunan	13	424.88	1.51	2.03
广　　东 Guangdong	7	679.14	2.47	2.21
广　　西 Guangxi	3	1148.63	0.79	1.29
海　　南 Hainan	6	1728.81	2.52	14.72
云　　南 Yunnan	14	561.15	2.42	2.64
甘　　肃 Gansu	1	6.60	0.10	0.07
宁　　夏 Ningxia	14	1056.00	4.34	3.91
新　　疆 Xinjiang	33	1863.66	4.63	4.86
新疆生产建设兵团 Xinjiang Production and Construction Corps	79	28190.55	60.65	90.05

注：镇乡级特殊区域个数不包括已纳入城市(县城)统计的镇乡级特殊区域个数。

Summary of Special District at Township Level (2023)

设有村镇建设管理机构的个数（个）Number of Towns with Construction Management Institution (unit)	规划建设管理 Planning and Administer			本年编制 Compiled This Year	本年规划编制投入（万元）Input in Planning This Year (10000 RMB)	地区名称 Name of Regions
	村镇建设管理人员（人）Number of Construction Management Personnel (person)	专职人员 Full-time Staff	有总体规划的镇乡级特殊区域个数（个）Number of Special District at Township Level with Master Plans (unit)			
297	2161	1130	249	9	859.46	全　国
16	38	31	12			河　北
3	3	2				山　西
25	99	75	21	1		内　蒙　古
23	50	37	15		10.00	辽　宁
4	8	8	2			吉　林
16	22	12	5			黑　龙　江
1			1			上　海
4	18	7	7		30.00	江　苏
			1			浙　江
7	161	94	7			安　徽
6	12	7	7		45.00	福　建
24	105	50	22		129.00	江　西
5	18	16	3			山　东
5	18	14	4			河　南
24	125	82	20	2	118.00	湖　北
9	18	7	5		15.50	湖　南
5	18	6	2			广　东
3	102	46	1			广　西
4	7	2	3		83.50	海　南
11	94	34	8		9.96	云　南
1	2	1	1			甘　肃
13	66	20	11		12.50	宁　夏
23	39	28	22		173.00	新　疆
65	1138	551	69	6	233.00	新疆生产建设兵团

Note: The number of special district at township level excluding those included in city (county seat) statistics.

3-2-19 镇乡级特殊区域供水（2023年）

地区名称 Name of Regions	集中供水的镇乡级特殊区域个数（个） Number of Special District at Township Level with Access to Piped Water (unit)	占全部镇乡级特殊区域的比例（%） Percentage of Total Rate (%)	公共供水综合生产能力（万立方米/日） Integrated Production Capacity of Public Water Supply Facilities (10000 cu. m/day)	自备水源单位综合生产能力（万立方米/日） Integrated Production Capacity of Self-built Water Supply Facilities (10000 cu. m/day)	年供水总量（万立方米） Annual Supply of Water (10000 cu. m)
全 国 National Total	354	91.95	83.03	24.26	13956.58
河 北 Hebei	19	95.00	3.84	0.55	427.03
山 西 Shanxi	4	100.00	0.10	0.01	16.02
内 蒙 古 Inner Mongolia	30	96.77	1.83	0.68	224.04
辽 宁 Liaoning	21	87.50	6.95	5.05	197.60
吉 林 Jilin	6	100.00	0.51	0.10	28.05
黑 龙 江 Heilongjiang	17	43.59	0.77	0.07	49.84
上 海 Shanghai	1	100.00	0.55		125.00
江 苏 Jiangsu	8	100.00	2.09	0.29	310.77
浙 江 Zhejiang	1	100.00	1.40		225.00
安 徽 Anhui	11	100.00	1.37	0.10	170.46
福 建 Fujian	8	100.00	1.33	0.08	309.60
江 西 Jiangxi	25	96.15	2.41	1.14	403.66
山 东 Shandong	5	100.00	5.26	0.21	1076.71
河 南 Henan	5	100.00	0.63	0.50	239.39
湖 北 Hubei	26	100.00	5.51	1.66	572.05
湖 南 Hunan	13	100.00	1.64	1.10	119.56
广 东 Guangdong	7	100.00	1.74	0.22	362.08
广 西 Guangxi	3	100.00	2.33	0.50	306.30
海 南 Hainan	6	100.00	1.80	1.84	994.65
云 南 Yunnan	14	100.00	1.45	1.05	372.25
甘 肃 Gansu	1	100.00	0.01		1.60
宁 夏 Ningxia	14	100.00	4.07	0.71	538.21
新 疆 Xinjiang	31	93.94	1.27	0.39	259.04
新疆生产建设兵团 Xinjiang Production and Construction Corps	78	98.73	34.17	8.02	6627.67

Water Supply of Special District at Township Level(2023)

年生活 用水量 Annual Domestic Water Consumption	年生产 用水量 Annual Water Consumption for Production	供水管道 长　度 （公里） Length of Water Supply Pipelines (sq. m)	本年新增 Added This Year	用水人口 （万人） Population with Access to Water (10000 persons)	地区名称 Name of Regions
7296.07	5642.21	10641.53	231.94	165.13	全　国
130.02	252.91	193.51	0.10	3.64	河　北
12.00	4.02	25.90	2.00	0.31	山　西
93.01	55.00	253.30	15.00	2.94	内 蒙 古
113.21	64.20	158.60		3.29	辽　宁
21.83	4.82	39.20		0.66	吉　林
35.93	12.95	173.17		1.15	黑 龙 江
65.00	60.00	100.00		2.07	上　海
145.18	161.94	208.63		4.22	江　苏
18.00	200.00	40.00		0.60	浙　江
115.15	51.59	232.02	2.80	3.10	安　徽
150.50	153.03	139.85	1.50	3.93	福　建
221.91	142.72	256.65	23.70	5.73	江　西
153.25	923.46	154.40	3.00	4.93	山　东
21.92	199.21	113.00	1.00	0.96	河　南
295.52	254.12	818.36	4.20	8.00	湖　北
56.02	35.41	199.48	12.30	1.36	湖　南
157.50	134.58	193.39	3.09	2.19	广　东
85.65	220.65	50.70	2.50	1.29	广　西
625.95	348.70	278.17	3.90	14.63	海　南
86.61	273.88	284.61	7.65	2.36	云　南
1.60		2.25		0.07	甘　肃
135.34	392.44	275.84	9.24	3.83	宁　夏
159.51	78.63	626.52	3.00	4.74	新　疆
4395.46	1617.95	5823.98	136.96	89.12	新疆生产 建设兵团

3-2-20 镇乡级特殊区域燃气、供热、道路桥梁（2023年）

地区名称 Name of Regions	用气人口 （万人） Population with Access to Gas (10000 persons)	集中供热 （万平方米） Area of Centrally Heated District (10000 sq. m)	道路长度 （公里） Length of Roads (km)	本年新增 Added This Year	本年更新改造 Renewal and Upgrading during The Reported Year
全 国 National Total	120.66	4149.82	5936.95	115.96	173.59
河 北 Hebei	3.23	37.80	159.10	2.73	6.10
山 西 Shanxi	0.20		49.75		5.70
内 蒙 古 Inner Mongolia	0.18	14.86	509.69	20.14	2.56
辽 宁 Liaoning	5.80	348.28	260.78		6.15
吉 林 Jilin	0.16	1.35	31.40		
黑 龙 江 Heilongjiang	0.29	24.30	236.35		0.80
上 海 Shanghai	0.80		21.58		
江 苏 Jiangsu	3.49		112.26		
浙 江 Zhejiang	0.50		49.00	1.00	1.00
安 徽 Anhui	2.21		183.61	9.20	5.50
福 建 Fujian	3.43		123.48	1.95	12.30
江 西 Jiangxi	4.02		258.86	9.09	21.32
山 东 Shandong	3.44	48.20	125.38	2.02	0.50
河 南 Henan	0.85		42.17	2.60	2.60
湖 北 Hubei	4.67		461.07	7.20	6.85
湖 南 Hunan	0.58		106.24	14.20	5.62
广 东 Guangdong	1.97		81.98	3.14	1.94
广 西 Guangxi	1.05		72.24	1.10	
海 南 Hainan	12.54		165.27		2.30
云 南 Yunnan	0.75		158.59	5.96	
甘 肃 Gansu			2.75		0.75
宁 夏 Ningxia	2.49	85.58	164.80	8.43	10.00
新 疆 Xinjiang	1.96	95.22	404.36		20.10
新疆生产建设兵团 Xinjiang Production and Construction Corps	66.04	3494.23	2156.24	27.20	61.50

Gas, Central Heating, Road and Bridge of Special District at Township Level (2023)

安装路灯的道路长度 Roads with Lamps	道路面积 （万平方米） Surface Area of Roads (10000 sq. m)	本年新增 Added This Year	本年更新改造 Renewal and Upgrading during The Reported Year	桥梁座数 （座） Number of Bridges (unit)	本年新增 Added This Year	地区名称 Name of Regions
1643.54	**4320.66**	**102.51**	**97.27**	**921**	**10**	全 国
77.13	82.06	1.61	2.60	25		河 北
6.00	20.80		2.60			山 西
40.76	237.05	0.86	0.93	42	2	内 蒙 古
110.54	197.06	0.70	3.86	47		辽 宁
10.50	16.30					吉 林
27.43	138.32		2.30	8		黑 龙 江
	18.39			4		上 海
33.93	74.30			28		江 苏
	45.00	5.00		32		浙 江
17.75	83.79	3.22	0.58	15	1	安 徽
46.10	98.24	1.95	12.88	17		福 建
73.70	131.60	7.53	17.16	23	1	江 西
50.13	115.92	1.55	0.50	24		山 东
4.00	17.95	2.60		8		河 南
167.72	299.81	2.35	1.45	45		湖 北
15.88	44.37	8.21	0.75	19		湖 南
26.00	43.84	1.88	1.16	21	2	广 东
9.90	42.41	6.00		3		广 西
15.65	135.69			5		海 南
30.45	76.98	1.04	0.57	15		云 南
2.00	1.65		0.45			甘 肃
72.30	86.23	2.13	5.17	25		宁 夏
105.70	237.76		10.07	28	4	新 疆
699.97	2075.14	55.88	34.24	487		新疆生产建设兵团

3-2-21 镇乡级特殊区域排水和污水处理（2023年）
Drainage and Wastewater Treatment of Special District at Township Level (2023)

地区名称 Name of Regions	对生活污水进行处理的镇乡级特殊区域 Special District at Township Level with Domestic Wastewater Treated		污水处理厂 Wastewater Treatment Plant		污水处理装置处理能力（万立方米/日）Treatment Capacity of Wastewater Treatment Facilities (10000 cu.m/day)	排水管道长度（公里）Length of Drainage Pipelines (km)		排水暗渠长度（公里）Length of Drains (km)	
	个数（个）Number (unit)	比例（%）Rate (%)	个数（个）Number of Wastewater Treatment Plants (unit)	处理能力（万立方米/日）Treatment Capacity (10000 cu.m/day)			本年新增 Added This Year		本年新增 Added This Year
全 国 National Total	216	56.10	145	28.16	22.91	2922.83	70.89	779.49	4.26
河 北 Hebei	12	60.00	4	1.18	0.47	77.72	2.60	26.79	
山 西 Shanxi	1	25.00				1.60		1.40	
内 蒙 古 Inner Mongolia	4	12.90	1	0.00	0.07	46.90	0.07	21.90	0.07
辽 宁 Liaoning	8	33.33	4	0.14	0.13	45.31	0.02	30.40	
吉 林 Jilin	1	16.67				3.00		8.99	
黑 龙 江 Heilongjiang	2	5.13	1	0.00		39.76		19.73	
上 海 Shanghai	1	100.00				29.77			
江 苏 Jiangsu	7	87.50	3	0.55	0.81	79.60	1.00	22.36	1.10
浙 江 Zhejiang	1	100.00				37.00			
安 徽 Anhui	4	36.36			0.06	49.15		70.59	0.30
福 建 Fujian	8	100.00	2	2.85	4.11	83.35	6.50	9.63	0.10
江 西 Jiangxi	15	57.69	15	0.26	1.04	70.00	2.90	69.26	0.68
山 东 Shandong	5	100.00	3	1.25	0.44	130.10	6.00	55.50	1.00
河 南 Henan	2	40.00	1	0.00	0.01	19.00	1.00	15.00	
湖 北 Hubei	26	100.00	18	1.06	1.06	172.70	0.50	132.24	
湖 南 Hunan	2	15.38	2	0.08	0.08	17.53	1.51	45.92	1.01
广 东 Guangdong	2	28.57	2	0.03	0.13	37.44		32.50	
广 西 Guangxi	1	33.33	1	0.80	0.80	24.68		16.05	
海 南 Hainan	6	100.00	2	3.25	0.00	138.13		61.10	
云 南 Yunnan	2	14.29			0.05	34.84	8.90	19.20	
甘 肃 Gansu	1	100.00	1	0.01	0.01	0.60		0.01	
宁 夏 Ningxia	11	78.57	9	0.43	0.40	62.35		6.20	
新 疆 Xinjiang	15	45.45	2	0.16	0.15	91.24		27.50	
新疆生产建设兵团 Xinjiang Production and Construction Corps	79	100.00	74	16.12	13.12	1631.06	39.89	87.22	

3-2-22 镇乡级特殊区域园林绿化及环境卫生（2023年）
Landscaping and Environmental Sanitation of Special District at Township Level (2023)

地区名称 Name of Regions	园林绿化(公顷) Landscaping (hectare)				环境卫生 Environmental Sanitation		
	绿化覆盖面积 Green Coverage Area	绿地面积 Area of Parks and Green Space	本年新增 Added This Year	公园绿地面积 Public Green Space	生活垃圾中转站（座） Number of Garbage Transfer Station (unit)	环卫专用车辆设备（辆） Number of Special Vehicles for Environmental Sanitation (unit)	公共厕所（座） Number of Latrines (unit)
全　　国 National Total	12104.51	9070.67	367.25	910.00	306	1377	1736
河　　北 Hebei	177.92	93.48	3.31	11.95	7	45	89
山　　西 Shanxi	11.13	4.43	1.43	0.30	5	24	7
内　蒙　古 Inner Mongolia	315.60	171.55	0.37	1.13	48	165	173
辽　　宁 Liaoning	302.65	249.12	5.51	39.05	8	105	65
吉　　林 Jilin	22.23	16.93	1.00	1.10		9	10
黑　龙　江 Heilongjiang	589.33	203.44	0.02	10.10		46	87
上　　海 Shanghai	415.00	413.34		29.00	1	8	5
江　　苏 Jiangsu	235.93	190.04		42.29	8	30	27
浙　　江 Zhejiang	48.00	28.00					
安　　徽 Anhui	170.56	93.96	1.10	11.17	17	25	65
福　　建 Fujian	176.42	148.40	4.41	14.25	8	27	30
江　　西 Jiangxi	207.60	130.31	7.08	9.48	25	40	102
山　　东 Shandong	497.13	399.13	8.00	153.00	7	27	20
河　　南 Henan	85.10	50.30	3.00	18.00	5	11	9
湖　　北 Hubei	688.95	417.69	0.44	10.13	20	85	172
湖　　南 Hunan	64.61	50.03	1.10	10.51	9	20	31
广　　东 Guangdong	98.71	33.61	0.91	0.50	4	21	55
广　　西 Guangxi	273.15	117.44	0.03		1	7	7
海　　南 Hainan	231.58	134.45		49.55	4	23	17
云　　南 Yunnan	54.88	36.09	6.07	2.90	2	20	140
甘　　肃 Gansu	2.00	1.20				1	2
宁　　夏 Ningxia	181.63	140.34	0.44	2.85	10	46	62
新　　疆 Xinjiang	320.29	173.13	1.99	0.48	31	79	107
新疆生产建设兵团 Xinjiang Production and Construction Corps	6934.11	5774.26	321.04	492.26	86	513	454

3-2-23 镇乡级特殊区域房屋（2023年）

地区名称 Name of Regions	住宅 Residential Building					人均住宅建筑面积（平方米） Per Capita Floor Space (sq. m)	公共建筑	
	年末实有建筑面积（万平方米） Total Floor Space of Buildings (year-end) (10000 sq. m)	混合结构以上 Mixed Strucure and Above	本年竣工建筑面积（万平方米） Floor Space Completed This Year (10000 sq. m)	混合结构以上 Mixed Strucure and Above	房地产开发 Real Estate Development		年末实有建筑面积（万平方米） Total Floor Space of Buildings (year-end) (10000 sq. m)	混合结构以上 Mixed Strucure and Above
全　　国　National Total	7096.92	5836.30	153.20	116.34	116.00	52.17	2057.43	1802.34
河　　北　Hebei	206.03	180.87	5.17		5.17	49.65	27.17	26.55
山　　西　Shanxi	6.60	2.00	0.11	0.11		17.93	1.23	
内　蒙　古　Inner Mongolia	100.04	76.84	0.77	0.18		26.64	25.09	24.16
辽　　宁　Liaoning	457.28	435.97				53.47	44.39	42.97
吉　　林　Jilin	29.66	20.22				40.55	2.12	2.08
黑　龙　江　Heilongjiang	96.12	94.10				30.73	20.40	19.53
上　　海　Shanghai	139.00	139.00				176.98		
江　　苏　Jiangsu	112.08	96.18				28.35	33.31	32.21
浙　　江　Zhejiang	16.00	15.00				11.19	1.20	1.20
安　　徽　Anhui	168.98	156.01	0.03	0.03		44.36	23.69	23.53
福　　建　Fujian	151.94	128.79	1.52	1.52		52.94	24.74	23.57
江　　西　Jiangxi	233.73	205.47	5.09	4.84		27.65	18.56	17.90
山　　东　Shandong	227.49	178.92	3.29	1.89	1.77	39.46	104.99	100.14
河　　南　Henan	29.07	27.35	0.78	0.78		35.15	9.22	9.18
湖　　北　Hubei	362.97	337.52	10.51	7.00	3.51	45.30	92.28	91.19
湖　　南　Hunan	59.75	55.16	1.02	0.92		39.63	5.32	5.31
广　　东　Guangdong	160.87	94.15	5.80	2.70	3.10	65.05	8.50	6.25
广　　西　Guangxi	42.01	25.60	14.23		14.23	53.10	5.20	5.05
海　　南　Hainan	107.64	107.24	12.38	12.38	12.04	42.64	21.82	17.38
云　　南　Yunnan	81.39	68.09	3.42	3.41	2.88	33.67	80.35	74.78
甘　　肃　Gansu	2.75	2.75	0.26	0.26		28.77	1.00	1.00
宁　　夏　Ningxia	172.47	160.67				39.76	33.12	25.02
新　　疆　Xinjiang	160.46	92.92	0.22	0.21		34.63	38.76	30.06
新疆生产建设兵团　Xinjiang Production and Construction Corps	3972.60	3135.48	88.60	80.11	73.29	65.50	1434.97	1223.29

Building Construction of Special District at Township Level (2023)

Public Building			生产性建筑 Industrial Building					地区名称
本年竣工建筑面积（万平方米）Floor Space Completed This Year (10000 sq. m)	混合结构以上 Mixed Strucure and Above	房地产开发 Real Estate Development	年末实有建筑面积（万平方米）Total Floor Space of Buildings (year-end) (10000 sq. m)	混合结构以上 Mixed Strucure and Above	本年竣工建筑面积（万平方米）Floor Space Completed This Year (10000 sq. m)	混合结构以上 Mixed Strucure and Above	房地产开发 Real Estate Development	Name of Regions
30.07	24.86	3.65	2870.07	2349.35	152.16	143.64	4.59	全　　国
0.53	0.53		44.67	42.68				河　　北
			0.12					山　　西
0.12	0.06		18.27	15.88	0.23	0.10		内　蒙　古
			269.78	264.67	0.30	0.30		辽　　宁
			1.05	0.97				吉　　林
			44.84	23.01				黑　龙　江
			35.50	35.50				上　　海
			73.51	68.51	0.10	0.10		江　　苏
0.10	0.10		87.50	87.50	1.50	1.50		浙　　江
			28.20	27.19				安　　徽
2.10	2.10		311.58	311.05	61.86	61.86		福　　建
1.70	1.60		30.41	24.56	0.52	0.52		江　　西
0.05	0.05		427.11	352.98	10.62	10.62		山　　东
0.75	0.75		8.75	8.69	0.15	0.15		河　　南
4.50	4.50		89.17	81.64	2.28	2.28		湖　　北
0.23	0.23		6.32	5.23	0.20	0.20		湖　　南
0.04	0.04		9.27	9.27	4.21	4.21		广　　东
			44.85	36.13	18.50	18.50		广　　西
2.66	2.33		24.96	24.96				海　　南
0.13	0.13		11.62	10.74	0.17	0.17		云　　南
			0.15	0.15				甘　　肃
			127.81	100.44				宁　　夏
0.26	0.16		21.47	14.73				新　　疆
16.91	12.29	3.65	1153.18	802.87	51.52	43.13	4.59	新疆生产建设兵团

3-2-24 镇乡级特殊区域建设投入（2023年）

计量单位:万元

地区名称 Name of Regions	合计 Total Construction Input of This Year	房屋 Building					小计 Input of Municipal Public Facilities	供水 Water Supply
		本年建设投入小计 Input of House	房地产开发 Real Estate Development	住宅 Residential Building	公共建筑 Public Building	生产性建筑 Industrial Building		
全 国 National Total	1422656	1203257	417114	609655	133358	460244	219399	11256
河 北 Hebei	23466	21906		20904	1002		1560	58
山 西 Shanxi	45	39		39			6	
内 蒙 古 Inner Mongolia	5166	1605		1118	238	250	3560	1
辽 宁 Liaoning	2137	540				540	1597	55
吉 林 Jilin	19						19	
黑 龙 江 Heilongjiang	684						684	3
上 海 Shanghai	5550						5550	150
江 苏 Jiangsu	1145	250				250	895	63
浙 江 Zhejiang	980	900			400	500	80	
安 徽 Anhui	278	55		55			223	35
福 建 Fujian	71512	59912	2100	2700	2520	54692	11600	180
江 西 Jiangxi	96387	88602	5200	81097	4436	3069	7785	285
山 东 Shandong	41566	34750	8769	9969	30	24751	6816	132
河 南 Henan	2350	2255		550	1600	105	95	3
湖 北 Hubei	27363	19989		14994	2675	2320	7374	561
湖 南 Hunan	2217	1650		594	580	476	567	222
广 东 Guangdong	17196	17071	6000	6422	1578	9071	126	1
广 西 Guangxi	76685	75873	42690	42690		33183	812	
海 南 Hainan	185388	185302	179253	174551	10751		86	
云 南 Yunnan	3676	2996		2430	286	280	680	119
甘 肃 Gansu	503	474		474			29	
宁 夏 Ningxia	1497						1497	
新 疆 Xinjiang	2391	726		218	508		1665	4
新疆生产建设兵团 Xinjiang Production and Construction Corps	854457	688363	173102	250852	106754	330757	166094	9385

Construction Input of Special District at Township Level(2023)

Measurement Unit: 10000 RMB

市政公用设施 Municipal Public Facilities									地区名称
燃气 Gas Supply	集中供热 Central Heating	道路桥梁 Road and Bridge	排水 Drainage	污水处理 Wastewater Treatment	园林绿化 Landscaping	环境卫生 Environ- mental Sanitation	垃圾处理 Garbage Treatment	其他 Other	Name of Regions
10054	**72708**	**37217**	**40152**	**19611**	**8721**	**18292**	**6900**	**20998**	全　　国
		424	287	73	13	193	447	96	78	河　　北
						5	1	1		山　　西
6	44	3216	2	2	71	214	117	6	内　蒙　古
0	154	83	225	185	133	632	402	316	辽　　宁
					6	12	8		吉　　林
1	314	1	197			10	158		黑　龙　江
2600		700	600		400	1100	120		上　　海
18		91	26		85	290	90	322	江　　苏
		50			30				浙　　江
38		7			30	113	28		安　　徽
20		6280	3900	3329	392	763	419	65	福　　建
0		1288	3016	2267	848	994	329	1354	江　　西
100		1650	653	648	691	3300	2930	290	山　　东
			52	5		20	10	8	5	河　　南
467		1731	2881	2564	626	902	395	206	湖　　北
9		48	40	20	21	187	96	41	湖　　南
						125	125		广　　东
		708				104	20		广　　西
			10			76			海　　南
		20	50	25	115	212	135	164	云　　南
						29	29		甘　　肃
1025		244	3	3	27	150	106	47	宁　　夏
39	2	330			72	437	396	782	新　　疆
5731	71770	20432	28471	10555	4946	8035	1050	17323	新疆生产建设兵团

3-2-25 村庄人口及面积（2023年）

地区名称 Name of Regions	村庄建设用地面积 （公顷） Area of Villages Construction Land （hectare）	行政村个数(个) Number of Administrative Villages(unit)		
		合　计 Total	500人以下 Under 500 （persons）	500~1000人 500~1000 （persons）
全　国 National Total	12561449.72	477915	59802	105143
北　京 Beijing	85315.58	3430	1033	1081
天　津 Tianjin	63204.22	2927	798	1052
河　北 Hebei	856230.56	44587	10276	14714
山　西 Shanxi	367014.67	18693	3759	6741
内　蒙　古 Inner Mongolia	254685.03	10967	2750	3614
辽　宁 Liaoning	423799.38	10591	277	1462
吉　林 Jilin	343404.82	9177	1337	2170
黑　龙　江 Heilongjiang	435763.73	8967	1412	1623
上　海 Shanghai	64500.09	1509	139	160
江　苏 Jiangsu	670155.74	13623	194	566
浙　江 Zhejiang	291139.58	16274	1000	4050
安　徽 Anhui	627637.80	14606	330	1002
福　建 Fujian	257737.20	13508	1416	3261
江　西 Jiangxi	443882.73	16789	875	2728
山　东 Shandong	1016164.30	56194	15145	18629
河　南 Henan	1000018.41	41760	2337	8153
湖　北 Hubei	445723.05	20035	1323	4332
湖　南 Hunan	692792.25	23108	732	3313
广　东 Guangdong	624841.25	18135	709	1893
广　西 Guangxi	482908.21	14212	170	1052
海　南 Hainan	105670.60	2779	126	404
重　庆 Chongqing	209151.41	8305	248	824
四　川 Sichuan	730412.09	26389	2467	2925
贵　州 Guizhou	343313.57	13870	576	2162
云　南 Yunnan	522174.51	13394	190	1280
西　藏 Xizang	32496.73	5362	3365	1548
陕　西 Shaanxi	335786.86	15971	1186	4025
甘　肃 Gansu	475092.90	15868	2080	5566
青　海 Qinghai	55410.27	4037	1244	1639
宁　夏 Ningxia	67434.40	2220	135	345
新　疆 Xinjiang	208270.59	8858	1069	2331
新疆生产建设兵团 Xinjiang Production and Construction Corps	29317.19	1770	1104	498

Population and Area of Villages (2023)

1000人以上 Above 1000 (persons)	自然村个数 (个) Number of Natural Villages (unit)	村庄户籍人口 (万人) Registered Permanent Population (10000 persons)	村庄常住人口 (万人) Permanent Population (10000 persons)	地区名称 Name of Regions
312970	2340103	76965.41	61896.71	全　国
1316	4529	305.94	458.62	北　京
1077	2950	229.40	214.38	天　津
19597	66466	4703.32	4021.76	河　北
8193	42323	1913.09	1488.44	山　西
4603	45510	1332.29	916.70	内 蒙 古
8852	48666	1681.84	1418.52	辽　宁
5670	40139	1296.34	947.01	吉　林
5932	35102	1613.95	893.23	黑 龙 江
1210	16397	306.55	456.56	上　海
12863	121661	3385.07	3169.76	江　苏
11224	76841	2062.59	2003.98	浙　江
13274	184568	4440.38	3424.74	安　徽
8831	63995	1971.07	1571.25	福　建
13186	153405	3116.30	2467.35	江　西
22420	87135	5275.69	4651.44	山　东
31270	187601	6693.35	5466.22	河　南
14380	110578	3270.21	2518.62	湖　北
19063	103231	4294.66	3327.54	湖　南
15533	145332	4684.78	3660.20	广　东
12990	166462	4005.96	2883.28	广　西
2249	18625	588.20	522.77	海　南
7233	56651	1874.31	1068.60	重　庆
20997	129643	5654.69	3999.02	四　川
11132	73557	2707.97	2088.43	贵　州
11924	129626	3371.26	3057.32	云　南
449	19833	244.60	233.54	西　藏
10760	69744	2165.52	1785.49	陕　西
8222	86614	1853.70	1521.32	甘　肃
1154	11701	355.21	336.84	青　海
1740	12572	370.39	256.89	宁　夏
5458	26786	1105.00	1005.23	新　疆
168	1860	91.78	61.67	新疆生产建设兵团

3-2-26 村庄公共设施（一）（2023年）

地区名称 Name of Regions	集中供水的行政村 Administrative Villages with Access to Piped Water		年生活用水量 （万立方米） Annual Domestic Water Consumption (10000 cu. m)	供水管道长度 （公里） Length of Water Supply Pipelines (km)	本年新增 Added This Year
	个数（个） Number (unit)	比例（%） Rate (%)			
全 国 National Total	370642	86.11	1957725.04	2310168.05	78962.12
北 京 Beijing	2570	83.20	20405.75	16544.41	167.03
天 津 Tianjin	2328	95.96	7822.61	14554.86	155.00
河 北 Hebei	35496	87.53	120873.12	193368.66	2675.88
山 西 Shanxi	14431	84.05	49720.45	67982.85	1301.33
内 蒙 古 Inner Mongolia	7648	74.96	23430.04	52587.14	627.56
辽 宁 Liaoning	6280	66.04	38516.62	46274.51	765.86
吉 林 Jilin	7803	94.67	26836.93	68867.24	1296.63
黑 龙 江 Heilongjiang	7432	94.64	27332.29	66727.82	630.46
上 海 Shanghai	1267	93.02	18056.89	9793.42	4.70
江 苏 Jiangsu	12257	99.35	109283.97	105470.25	1152.83
浙 江 Zhejiang	11724	86.59	77559.76	75436.99	2358.68
安 徽 Anhui	11693	90.35	99454.13	99935.50	6097.90
福 建 Fujian	10626	91.68	56279.16	44906.80	1660.30
江 西 Jiangxi	11669	76.54	72862.41	62842.82	3233.48
山 东 Shandong	48215	96.62	152734.11	171921.78	2460.16
河 南 Henan	34920	92.29	157496.38	149678.98	6514.37
湖 北 Hubei	15477	84.07	78000.18	101038.90	4806.85
湖 南 Hunan	14545	68.99	79344.27	80084.93	2767.00
广 东 Guangdong	14806	88.74	136889.05	103986.12	3739.46
广 西 Guangxi	10213	77.24	95334.09	70169.06	2969.54
海 南 Hainan	2482	94.59	19287.07	13370.91	624.41
重 庆 Chongqing	6967	90.07	36202.10	46568.47	3911.71
四 川 Sichuan	19121	81.30	117782.98	139879.38	9046.90
贵 州 Guizhou	9343	76.69	67371.31	87875.35	4822.51
云 南 Yunnan	10182	86.40	102125.05	130458.28	8132.84
西 藏 Xizang	2033	40.20	13689.64	13761.39	384.05
陕 西 Shaanxi	13079	92.48	54402.51	66630.22	2044.32
甘 肃 Gansu	12277	84.42	42853.60	86970.29	2158.58
青 海 Qinghai	3095	81.62	9822.85	22153.05	215.13
宁 夏 Ningxia	1908	99.27	9071.67	19782.20	500.13
新 疆 Xinjiang	7411	89.73	34432.05	70923.98	1446.34
新疆生产建设兵团 Xinjiang Production and Construction Corps	1344	80.05	2452.00	9621.49	290.18

Public Facilities of Villages I (2023)

用水人口（万人）Population with Access to Water (10000 persons)	供水普及率（%）Water Coverage Rate (%)	人均日生活用水量（升）Per Capita Daily Water Consumption (liter)	用气人口（万人）Population with Access to Gas (10000 persons)	燃气普及率（%）Gas Coverage Rate (%)	集中供热面积（万平方米）Area of Centrally Heated District (10000 sq. m)	地区名称 Name of Regions
54183.02	87.54	98.99	26064.57	42.11	37891.13	全　　国
439.12	95.75	127.31	251.06	54.74	1442.58	北　　京
208.08	97.06	103.00	180.03	83.98	1514.32	天　　津
3783.67	94.08	87.52	2900.42	72.12	7340.23	河　　北
1314.39	88.31	103.64	325.89	21.89	5644.77	山　　西
736.56	80.35	87.15	127.66	13.93	1046.92	内　蒙　古
1055.59	74.42	99.97	251.97	17.76	1342.74	辽　　宁
807.10	85.23	91.10	137.26	14.49	823.60	吉　　林
799.71	89.53	93.64	68.34	7.65	557.02	黑　龙　江
418.10	91.58	118.32	348.33	76.29	20.80	上　　海
3114.57	98.26	96.13	2783.67	87.82	23.05	江　　苏
1843.06	91.97	115.29	1031.70	51.48	112.65	浙　　江
2840.78	82.95	95.92	1516.64	44.28		安　　徽
1462.71	93.09	105.41	1003.30	63.85		福　　建
1807.97	73.28	110.41	862.32	34.95	610.36	江　　西
4446.90	95.60	94.10	2725.07	58.59	11769.67	山　　东
4793.46	87.69	90.02	1919.84	35.12	1014.23	河　　南
2089.58	82.97	102.27	941.12	37.37	237.30	湖　　北
2287.91	68.76	95.01	996.85	29.96	47.10	湖　　南
3365.66	91.95	111.43	2609.02	71.28		广　　东
2501.46	86.76	104.41	1803.58	62.55	49.20	广　　西
485.04	92.78	108.94	385.65	73.77		海　　南
958.81	89.73	103.44	391.87	36.67		重　　庆
3210.86	80.29	100.50	1579.51	39.50		四　　川
1829.57	87.61	100.89	120.35	5.76	3.00	贵　　州
2809.24	91.89	99.60	170.07	5.56		云　　南
202.23	86.60	185.46	29.64	12.69	36.18	西　　藏
1640.05	91.85	90.88	357.10	20.00	637.85	陕　　西
1369.61	90.03	85.72	95.30	6.26	1255.93	甘　　肃
318.44	94.54	84.51	20.47	6.08	229.42	青　　海
251.02	97.72	99.01	33.58	13.07	695.18	宁　　夏
938.94	93.41	100.47	81.66	8.12	1223.87	新　　疆
52.80	85.62	127.22	15.32	24.84	213.16	新疆生产建设兵团

3-2-27　村庄公共设施（二）(2023年)

地区名称 Name of Regions	村庄内道路长度（公里） The Length of Roads within Villages (km)	本年新增 Added This Year	本年更新改造 Renewal and Upgrading during The Reported Year	硬化道路 Hardened Roads
全　国 National Total	3623183.45	58988.14	80657.58	2500540.66
北　京 Beijing	19170.82	130.54	932.89	15564.28
天　津 Tianjin	16571.61	19.35	255.63	14370.79
河　北 Hebei	251950.47	1804.65	5354.07	191416.54
山　西 Shanxi	90381.24	826.42	1647.59	59508.29
内 蒙 古 Inner Mongolia	85906.90	944.94	791.94	58534.72
辽　宁 Liaoning	79392.43	1015.23	2768.34	51936.56
吉　林 Jilin	86863.53	580.76	2854.57	68671.40
黑 龙 江 Heilongjiang	83024.68	319.76	1013.19	51109.52
上　海 Shanghai	11381.80	17.11	228.08	8834.32
江　苏 Jiangsu	145016.91	1626.17	3117.43	118015.81
浙　江 Zhejiang	90245.58	1362.62	3006.63	45714.68
安　徽 Anhui	166252.19	3093.79	2775.47	118984.72
福　建 Fujian	76807.16	1092.42	1323.06	52889.23
江　西 Jiangxi	106033.82	2796.25	3224.70	66417.77
山　东 Shandong	353354.26	3171.06	8166.21	260200.24
河　南 Henan	218543.47	5482.00	4843.41	164064.34
湖　北 Hubei	211390.43	3538.38	6235.64	116170.57
湖　南 Hunan	177913.91	2994.81	3865.48	103044.67
广　东 Guangdong	183771.61	3500.81	3977.89	119216.73
广　西 Guangxi	124741.29	2441.43	2514.19	98655.20
海　南 Hainan	31359.46	360.88	644.88	11659.09
重　庆 Chongqing	45173.24	1948.06	1276.28	34047.73
四　川 Sichuan	297926.84	7122.21	5434.61	230334.15
贵　州 Guizhou	131710.36	1816.59	1120.60	76216.96
云　南 Yunnan	170658.37	4102.52	3934.60	116038.71
西　藏 Xizang	18172.25	280.48	791.79	6634.56
陕　西 Shaanxi	102868.81	2507.15	2327.88	81174.24
甘　肃 Gansu	104824.29	1982.15	2750.22	70406.63
青　海 Qinghai	30061.48	196.38	519.63	17060.47
宁　夏 Ningxia	28682.63	594.57	1271.55	21786.89
新　疆 Xinjiang	73488.86	1159.87	1298.06	46378.88
新疆生产建设兵团 Xinjiang Production and Construction Corps	9542.75	158.78	391.07	5481.97

Public Facilities of Villages II (2023)

村庄内道路面积（万平方米） The Area of Roads within Villages (10000 sq. m)	本年新增 Added This Year	本年更新改造 Renewal and Upgrading during The Reported Year	硬化道路 Hardened Roads	排水管道沟渠长度（公里） The Length of Drainage Pipelines and Canals (km)	本年新增 Added This Year	地区名称 Name of Regions
2331795.05	59267.01	70055.52	1365591.82	1325761.82	35344.30	全 国
10868.97	101.17	571.66	8721.59	13567.15	203.58	北 京
7674.70	10.04	144.11	6308.60	6951.20	6.62	天 津
124049.44	1703.25	3416.36	90003.20	60915.44	618.30	河 北
61581.61	819.86	2619.60	41333.93	55330.65	830.43	山 西
46776.02	629.30	1047.28	29504.52	10053.61	122.70	内 蒙 古
43672.13	700.82	1727.55	26519.71	32997.45	131.85	辽 宁
42735.46	307.97	1544.89	31949.27	47340.88	584.67	吉 林
41584.60	443.63	550.50	22942.38	33745.96	180.03	黑 龙 江
5746.52	23.37	222.08	4391.58	7128.37	25.72	上 海
76870.13	1910.75	2480.19	59409.55	55260.81	1923.28	江 苏
72674.30	2334.52	3038.44	33597.90	45607.42	1148.29	浙 江
117945.83	2596.10	2397.33	67957.51	51810.43	1887.92	安 徽
42642.69	1112.80	1111.84	28047.24	61539.56	909.33	福 建
88641.02	2764.81	4026.61	35825.14	53546.91	1974.63	江 西
209550.94	3490.33	7482.43	143370.48	231600.52	3753.94	山 东
167487.50	4266.16	3852.05	93830.11	60865.25	2518.86	河 南
190171.33	4562.76	7370.63	70031.29	64697.83	1562.86	湖 北
112712.72	3493.84	3378.64	61242.88	51678.49	1051.69	湖 南
123893.53	5365.72	4705.42	72624.45	71898.13	2924.02	广 东
62956.60	1778.89	1692.62	47264.66	32741.47	835.55	广 西
16911.17	648.50	382.87	5922.01	5241.71	324.51	海 南
27780.55	2481.61	1510.49	20564.47	17000.11	530.96	重 庆
201267.47	5618.59	4366.05	119486.85	82072.46	2136.82	四 川
95535.83	2218.39	1077.46	43753.27	26860.11	989.00	贵 州
114078.77	3497.18	2672.86	65341.67	52401.44	3214.15	云 南
14753.90	607.31	589.61	4951.08	3075.67	209.64	西 藏
55559.96	1840.06	1637.83	36624.83	37981.91	1270.08	陕 西
55475.67	1474.97	1880.90	34625.06	23363.80	847.07	甘 肃
14318.24	120.83	269.00	7929.26	5298.37	147.30	青 海
20812.67	1150.90	771.16	14655.96	11215.29	183.98	宁 夏
56832.21	1088.82	1267.24	32239.59	9915.53	2218.38	新 疆
8232.57	103.76	249.82	4621.78	2057.89	78.14	新疆生产建设兵团

3-2-28 村庄房屋（2023年）

地区名称 Name of Regions	住宅 Residential Building						公共建筑	
	年末实有建筑面积（万平方米） Total Floor Space of Buildings (year-end) (10000 sq. m)	混合结构以上 Mixed Strucure and Above	本年竣工建筑面积（万平方米） Floor Space Completed This Year (10000 sq. m)	混合结构以上 Mixed Strucure and Above	房地产开发 Real Estate Development	人均住宅建筑面积（平方米） Per Capita Floor Space (sq. m)	年末实有建筑面积（万平方米） Total Floor Space of Buildings (year-end) (10000 sq. m)	混合结构以上 Mixed Strucure and Above
全 国 National Total	2678655.30	2128007.53	41839.36	35954.98	3280.04	34.80	205884.42	173102.71
北 京 Beijing	16081.76	13964.31	252.88	238.93	11.37	52.56	3538.86	3429.66
天 津 Tianjin	7765.61	6579.76	55.40	54.15	31.08	33.85	575.46	563.99
河 北 Hebei	137176.74	109924.34	825.49	597.20	53.75	29.17	4959.72	4428.02
山 西 Shanxi	57367.52	40195.90	483.91	398.09	63.77	29.99	6269.02	5487.33
内 蒙 古 Inner Mongolia	36466.91	31969.18	77.56	67.57	26.98	27.37	2233.31	2079.41
辽 宁 Liaoning	41611.24	28689.39	206.77	127.03	26.93	24.74	2731.71	2306.38
吉 林 Jilin	32423.56	25427.23	86.37	80.06	38.46	25.01	1340.38	1263.43
黑 龙 江 Heilongjiang	39841.94	35660.31	55.33	52.97		24.69	1442.64	1411.58
上 海 Shanghai	11988.61	10756.17	72.53	53.93	18.80	39.11	912.40	693.58
江 苏 Jiangsu	148374.66	127362.01	1431.55	1230.17	293.27	43.83	17478.32	11644.69
浙 江 Zhejiang	104519.40	87665.09	1934.67	1600.69	525.70	50.67	12135.93	9756.60
安 徽 Anhui	154732.97	122411.54	1935.81	1647.58	54.89	34.85	5609.01	5243.92
福 建 Fujian	77679.39	59707.44	1040.40	905.39	107.47	39.41	7475.15	6371.22
江 西 Jiangxi	123669.61	99253.50	2218.00	1888.07	74.54	39.68	8496.44	7533.20
山 东 Shandong	172113.86	132058.77	1911.79	1653.61	367.52	32.62	19758.71	17688.42
河 南 Henan	217506.09	179088.05	2295.80	1840.59	180.96	32.50	15388.41	13704.45
湖 北 Hubei	114313.97	91419.92	1835.55	1319.12	123.60	34.96	8628.93	7429.31
湖 南 Hunan	207789.58	167391.61	8106.70	7223.80	38.43	48.38	14728.05	13417.31
广 东 Guangdong	138419.54	108357.31	6783.62	5914.60	897.71	29.55	17548.36	14398.27
广 西 Guangxi	126854.87	101356.45	1460.06	1412.40	11.86	31.67	11972.20	11009.83
海 南 Hainan	17463.29	16529.17	469.86	364.20	16.38	29.69	808.66	710.38
重 庆 Chongqing	75487.04	62146.10	677.46	639.74	15.12	40.27	2994.42	2867.45
四 川 Sichuan	217954.18	174168.01	2378.87	2020.68	135.54	38.54	7961.12	7550.06
贵 州 Guizhou	83641.57	63724.80	1668.34	1468.76	31.06	30.89	4482.20	3531.58
云 南 Yunnan	132264.24	95091.59	1893.94	1724.94	89.93	39.23	7631.43	6869.03
西 藏 Xizang	6691.73	2784.15	85.89	77.32		27.36	4155.09	479.57
陕 西 Shaanxi	68924.02	54859.14	595.45	501.36	4.10	31.83	3652.82	3392.70
甘 肃 Gansu	53891.43	39722.08	692.66	640.06	35.75	29.07	4623.89	3984.09
青 海 Qinghai	10896.37	7228.10	48.49	48.19		30.68	525.82	437.42
宁 夏 Ningxia	11495.93	9167.75	63.19	61.98	1.48	31.04	695.67	661.16
新 疆 Xinjiang	31404.98	22234.75	172.79	85.81	1.25	28.42	4879.51	2548.37
新疆生产建设兵团 Xinjiang Production and Construction Corps	1842.72	1113.60	22.24	16.01	2.37	20.08	250.77	210.36

Building Construction of Villages (2023)

Public Building			生产性建筑 Industrial Building					地区名称
本年竣工建筑面积（万平方米）Floor Space Completed This Year (10000 sq. m)	混合结构以上 Mixed Strucure and Above	房地产开发 Real Estate Development	年末实有建筑面积（万平方米）Total Floor Space of Buildings (year-end) (10000 sq. m)	混合结构以上 Mixed Strucure and Above	本年竣工建筑面积（万平方米）Floor Space Completed This Year (10000 sq. m)	混合结构以上 Mixed Strucure and Above	房地产开发 Real Estate Development	Name of Regions
4987.66	3847.85	245.41	339157.98	281399.03	8421.81	7251.01	363.03	全　　国
18.73	18.55		5736.96	5357.83	4.12	4.12		北　　京
3.88	3.07	0.23	2148.74	1866.47	13.44	10.80	0.20	天　　津
189.95	93.99	2.54	8910.23	7305.07	223.59	167.29	21.18	河　　北
48.34	36.82	2.83	6419.69	4798.71	178.23	173.01	0.20	山　　西
15.13	13.95	0.82	4958.77	2831.04	145.93	129.12	0.00	内　蒙　古
79.78	78.52	5.00	4744.34	3710.92	54.45	39.21	11.51	辽　　宁
51.97	50.56	0.36	2099.81	1872.45	129.35	119.18	0.69	吉　　林
3.61	3.24		2649.27	2322.85	43.54	41.95	0.15	黑　龙　江
14.09	13.20		4400.59	4167.28	10.45	10.35		上　　海
203.92	194.83	22.01	40114.50	33067.66	717.63	663.16	4.96	江　　苏
257.52	249.81	7.59	25134.40	22582.24	871.30	838.25	3.86	浙　　江
235.76	202.97	9.83	10733.43	8543.97	274.29	232.76	5.65	安　　徽
167.39	143.28	6.52	14335.02	10805.87	327.56	259.24	67.06	福　　建
552.66	288.71	17.63	8488.60	6004.97	334.46	255.51	49.73	江　　西
485.04	336.97	32.91	42883.53	37260.02	785.65	658.17	80.35	山　　东
301.12	266.41	8.36	24878.79	20278.79	326.04	265.26	10.88	河　　南
311.14	216.56	21.14	9429.58	7064.09	323.53	302.91	55.01	湖　　北
546.87	370.31	6.57	11145.05	9676.72	393.10	337.49	4.65	湖　　南
308.67	217.09	43.74	45868.66	42224.11	1391.36	1191.86	8.83	广　　东
130.93	111.60	8.01	8173.61	6098.02	318.83	222.80	2.15	广　　西
15.27	13.62	0.81	417.90	352.01	23.83	14.34	1.12	海　　南
31.18	30.35	5.99	7850.85	7127.10	49.30	43.83	0.25	重　　庆
182.18	146.78	12.86	11367.04	9784.38	423.53	372.60	28.13	四　　川
135.04	125.77	0.26	5356.72	3160.68	156.19	127.90	1.03	贵　　州
345.78	305.45	18.02	10570.27	7620.18	304.65	246.78	2.84	云　　南
23.44	13.99	6.30	1077.67	637.55	8.43	5.07	0.19	西　　藏
154.54	146.32	2.63	7057.60	6450.56	161.10	132.97	0.40	陕　　西
107.88	96.56	1.09	5518.38	3776.56	152.27	140.30	0.42	甘　　肃
9.58	9.34		569.55	400.79	19.77	18.08	0.54	青　　海
6.13	5.15	0.05	2162.43	1244.58	126.77	102.88	0.84	宁　　夏
43.66	38.61	0.40	3118.84	2403.94	80.69	76.78	0.19	新　　疆
6.50	5.50	0.92	837.15	601.62	48.46	47.07		新疆生产建设兵团

3-2-29 村庄建设投入（2023年）

计量单位：万元

地区名称 Name of Regions	本年建设投入合计 Total Construction Input of This Year	房屋 Building 小计 Input of House	房地产开发 Real Estate Development	住宅 Residential Building	公共建筑 Public Building	生产性建筑 Industrial Building	小计 Input of Municipal Public Facilities	供水 Water Supply
全 国 National Total	81179760	56372923	8418285	38840719	5814801	11717402	24806837	3055237
北 京 Beijing	1063892	641656	159771	528028	96616	17012	422236	41381
天 津 Tianjin	187573	125916	14043	45773	8088	72055	61657	3022
河 北 Hebei	2055203	1317182	146100	905101	186973	225108	738021	75026
山 西 Shanxi	1359029	931285	58488	791067	67736	72481	427744	36119
内 蒙 古 Inner Mongolia	325642	168069	4947	76198	21736	70135	157573	9400
辽 宁 Liaoning	485894	241883	10500	114475	37501	89907	244011	19916
吉 林 Jilin	861405	440722	195342	206381	78771	155570	420684	35944
黑 龙 江 Heilongjiang	304928	154574	5482	61587	4006	88980	150354	12438
上 海 Shanghai	695410	229653	59905	117802	108973	2878	465757	3512
江 苏 Jiangsu	6039845	4373976	841919	2797326	322175	1254475	1665868	106506
浙 江 Zhejiang	6807997	4655920	1015315	2443786	694914	1517221	2152077	205669
安 徽 Anhui	4029181	2686005	145651	2064199	294386	327420	1343177	209178
福 建 Fujian	3072513	2178952	408425	1445459	239515	493978	893561	112486
江 西 Jiangxi	3624460	2539056	71716	1962582	346633	229841	1085404	134998
山 东 Shandong	6610571	4188213	929024	2518380	498849	1170985	2422358	314142
河 南 Henan	3991410	2849375	180679	2264947	276442	307985	1142036	119361
湖 北 Hubei	3778155	2681179	369772	1905832	295511	479835	1096976	153039
湖 南 Hunan	3746084	2945811	164943	2235046	426747	284018	800273	143177
广 东 Guangdong	10426779	8050943	2706832	4833424	555928	2661591	2375836	284091
广 西 Guangxi	2343453	1836269	22710	1465027	138228	233015	507184	86001
海 南 Hainan	738952	534587	55384	484324	27712	22550	204365	27813
重 庆 Chongqing	1311050	797448	51730	707686	34107	55655	513602	74118
四 川 Sichuan	5218446	3605099	387263	2744904	243495	616701	1613347	302745
贵 州 Guizhou	2182965	1778378	73175	1533893	97854	146630	404587	88497
云 南 Yunnan	4112057	2897164	218298	2236052	247421	413690	1214893	234732
西 藏 Xizang	392983	241305	4675	150020	61535	29751	151678	25399
陕 西 Shaanxi	1567375	904559	17634	562422	165690	176447	662816	72969
甘 肃 Gansu	1526876	989202	72538	746476	92353	150373	537674	48421
青 海 Qinghai	214203	122932		65796	24376	32760	91271	4881
宁 夏 Ningxia	415146	199080	11694	77159	10886	111035	216066	10634
新 疆 Xinjiang	950939	447051	12517	245702	81059	120290	503888	45625
新疆生产建设兵团 Xinjiang Production and Construction Corps	739342	619480	1813	503864	28586	87030	119862	13999

Construction Input of Villages (2023)

Measurement Unit: 10000 RMB

市政公用设施 Municipal Public Facilities									地区名称
燃气 Gas Supply	集中供热 Central Heating	道路桥梁 Road and Bridge	排水 Drainage	污水处理 Wastewater Treatment	园林绿化 Landscaping	环境卫生 Environ-mental Sanitation	垃圾处理 Garbage Treatment	其他 Other	Name of Regions
1010773	205464	9346334	4748315	3224759	1399282	3391094	1814886	1650338	全　国
1063	1422	96040	146659	134234	39108	71525	27831	25038	北　京
1479	3638	19077	7190	5937	1986	24962	13071	303	天　津
130577	27323	276456	61123	34401	25323	113042	67834	29151	河　北
25412	50677	137214	80493	39778	26221	62558	27262	9049	山　西
138	14959	79908	7908	3565	13071	25074	11571	7117	内 蒙 古
763	6423	131626	16756	10749	8188	53055	34538	7286	辽　宁
619	2724	234732	71466	23123	10449	47520	27592	17229	吉　林
1910	551	69627	12862	2923	4623	33475	19408	14870	黑 龙 江
3143		81692	243984	190256	23471	95250	36304	14705	上　海
62308	2085	506750	407692	295262	142671	315637	152956	122219	江　苏
39617	1385	815718	404122	288161	173133	290430	138882	222004	浙　江
29084		531963	197054	103284	74236	225808	123832	75853	安　徽
11908		283990	233545	166917	57647	145857	100359	48126	福　建
12891	858	471324	141206	62525	58085	159592	81054	106451	江　西
232551	54757	652536	466034	359755	168021	384510	197200	149808	山　东
65266	5023	413227	189451	105403	106381	190533	93130	52792	河　南
25436	1560	473296	147683	81204	84598	133707	76331	77657	湖　北
18704	1053	291954	114565	61538	36598	136424	82535	57798	湖　南
19746		961371	700779	558306	95194	223479	125763	91176	广　东
3683	213	214236	84648	50356	8648	74366	54947	35391	广　西
3983		73646	53739	37324	6078	26742	11373	12366	海　南
30297	5	266789	53229	39921	16219	43191	23504	29753	重　庆
98013	0	782644	178121	117823	61052	126122	77822	64650	四　川
11802	85	165424	63285	38003	7568	44084	29650	23842	贵　州
2406	141	433645	275453	205604	50783	105186	66958	112548	云　南
323	580	76553	29671	9223	1825	5099	3771	12228	西　藏
50257	4232	265278	81228	33918	40136	89597	39784	59121	陕　西
7574	17435	253265	41012	20422	31110	56981	33233	81876	甘　肃
5617	433	42407	16233	7855	3322	12273	5858	6104	青　海
3909	339	89265	35335	23666	8750	31465	11659	36369	宁　夏
104326	1717	122952	166193	102571	9138	35427	18098	18510	新　疆
5969	5847	31729	19597	10751	5652	8122	776	28947	新疆生产建设兵团

主要指标解释

Explanatory Notes on Main Indicators

主要指标解释

城市和县城部分

人口密度

指城区内的人口疏密程度。计算公式：

$$人口密度 = \frac{城区人口 + 城区暂住人口}{城区面积}$$

人均日生活用水量

指每一用水人口平均每天的生活用水量。计算公式：

$$人均日生活用水量 = \frac{居民家庭用水量 + 公共服务用水量 + 免费供水量中的生活用水量}{用水人口} \div 报告期日历天数 \times 1000 升$$

供水普及率

指报告期末城区内用水人口与总人口的比率。计算公式：

$$供水普及率 = \frac{城区用水人口（含暂住人口）}{城区人口 + 城区暂住人口} \times 100\%$$

$$公共供水普及率 = \frac{城区公共用水人口（含暂住人口）}{城区人口 + 城区暂住人口} \times 100\%$$

燃气普及率

指报告期末城区内使用燃气的人口与总人口的比率。计算公式：

$$燃气普及率 = \frac{城区用气人口（含暂住人口）}{城区人口 + 城区暂住人口} \times 100\%$$

人均道路面积

指报告期末城区内平均每人拥有的道路面积。计算公式：

$$人均道路面积 = \frac{城区道路面积}{城区人口 + 城区暂住人口}$$

建成区路网密度

指报告期末建成区内道路分布的稀疏程度。计算公式：

$$建成区路网密度 = \frac{建成区道路长度}{建成区面积}$$

建成区排水管道密度

指报告期末建成区排水管道分布的疏密程度。计算公式：

$$建成区排水管道密度 = \frac{建成区排水管道长度}{建成区面积}$$

污水处理率

指报告期内污水处理总量与污水排放总量的比率。计算公式：

$$污水处理率 = \frac{污水处理总量}{污水排放总量} \times 100\%$$

污水处理厂集中处理率

指报告期内通过污水处理厂处理的污水量与污水排放总量的比率。计算公式：

$$\text{污水处理厂集中处理率} = \frac{\text{污水处理厂处理的污水量}}{\text{污水排放总量}} \times 100\%$$

人均公园绿地面积

指报告期末城区内平均每人拥有的公园绿地面积。计算公式：

$$\text{人均公园绿地面积} = \frac{\text{城区公园绿地面积}}{\text{城区人口} + \text{城区暂住人口}}$$

建成区绿化覆盖率

指报告期末建成区内绿化覆盖面积与区域面积的比率。计算公式：

$$\text{建成区绿化覆盖率} = \frac{\text{建成区绿化覆盖面积}}{\text{建成区面积}} \times 100\%$$

建成区绿地率

指报告期末建成区内绿地面积与建成区面积的比率。计算公式：

$$\text{建成区绿地率} = \frac{\text{建成区绿地面积}}{\text{建成区面积}} \times 100\%$$

生活垃圾处理率

指报告期内生活垃圾处理量与生活垃圾产生量的比率。计算公式：

$$\text{生活垃圾处理率} = \frac{\text{生活垃圾处理量}}{\text{生活垃圾产生量}} \times 100\%$$

生活垃圾无害化处理率

指报告期内生活垃圾无害化处理量与生活垃圾产生量的比率。计算公式：

$$\text{生活垃圾无害化处理率} = \frac{\text{生活垃圾无害化处理量}}{\text{生活垃圾产生量}} \times 100\%$$

在统计时，由于生活垃圾产生量不易取得，可用清运量代替。"垃圾清运量"在审核时要与总人口（包括暂住人口）对应，一般城市人均日产生垃圾为1kg左右。

固定资产投资

指建造和购置市政公用设施的经济活动，即市政公用设施固定资产再生产活动。市政公用设施固定资产再生产过程包括固定资产更新（局部更新和全部更新）、改建、扩建、新建等活动。新的企业财务会计制度规定，固定资产局部更新的大修理作为日常生产活动的一部分，发生的大修理费用直接在成本费用中列支。按照现行投资管理体制及有关部门的规定，凡属于养护、维护性质的工程，不纳入固定资产投资统计。对新建和对现有市政公用设施改造工程，应纳入固定资产统计。

本年新增固定资产

指在报告期已经完成建造和购置过程，并交付生产或使用单位的固定资产价值。包括已经建成投入生产或交付使用的工程投资和达到固定资产标准的设备、工具、器具的投资及有关应摊入的费用。属于增加固定资产价值的其他建设费用，应随同交付使用的工程一并计入新增固定资产。

新增生产能力（或效益）

指通过固定资产投资活动而增加的设计能力。计算新增生产能力（或效益）是以能独立发挥生产能力（或效益）的工程为对象。当工程建成，经有关部门验收鉴定合格，正式移交投入生产，即应计算新增生产能力（或效益）。

综合生产能力

指按供水设施取水、净化、送水、出厂输水干管等环节设计能力计算的综合生产能力。包括在原设计能力的基础上，经挖、革、改增加的生产能力。计算时，以四个环节中最薄弱的环节为主确定能力。对于经过更新改造，按更新改造后新的设计能力填报。

供水管道长度

指从送水泵至各类用户引入管之间所有市政管道的长度。不包括新安装尚未使用、水厂内以及用户建筑物内的管道。在同一条街道埋设两条或两条以上管道时，应按每条管道的长度计算。

供水总量

指报告期供水企业（单位）供出的全部水量。包括有效供水量和漏损水量。

有效供水量指水厂将水供出厂外后，各类用户实际使用到的水量。包括售水量和免费供水量。

新水取用量

指取自任何水源被第一次利用的水量，包括自来水、地下水、地表水。新水量就一个城市来说，包括城市供水企业新水量和社会各单位的新水量。

其中：**工业新水取用量**指为使工业生产正常进行，保证生产过程对水的需要，而实际从各种水源引取的、为任何目的所用的新鲜水量，包括间接冷却水新水量、工艺水新水量、锅炉新水量及其他新水量。

用水重复利用量

指各用水单位在生产和生活中，循环利用的水量和直接或经过处理后回收再利用的水量之和。

其中：**工业用水重复利用量**指工业企业内部生活及生产用水中，循环利用的水量和直接或经过处理后回收再利用的水量之和。

节约用水量

指报告期新节水量，通过采用各项节水措施（如改进生产工艺、技术、生产设备、用水方式、换装节水器具、加强管理等）后，用水量和用水效益产生效果，而节约的水量。

人工煤气生产能力

指报告期末燃气生产厂制气、净化、输送等环节的综合生产能力，不包括备用设备能力。一般按设计能力计算，如果实际生产能力大于设计能力时，应按实际测定的生产能力计算。测定时应以制气、净化、输送三个环节中最薄弱的环节为主。

供气管道长度

指报告期末从气源厂压缩机的出口或门站出口至各类用户引入管之间的全部已经通气投入使用的管道长度。不包括煤气生产厂、输配站、液化气储存站、灌瓶站、储配站、气化站、混气站、供应站等厂（站）内，以及用户建筑物内的管道。

供气总量

指报告期燃气企业（单位）向用户供应的燃气数量。包括销售量和损失量。

汽车加气站

指专门为燃气机动车（船舶）提供压缩天然气、液化石油气等燃料加气服务的站点。应按不同气种分别统计。

供热能力

指供热企业（单位）向城市热用户输送热能的设计能力。

供热总量

指在报告期供热企业（单位）向城市热用户输送全部蒸汽和热水的总热量。

供热管道长度

指从各类热源到热用户建筑物接入口之间的全部蒸汽和热水的管道长度。不包括各类热源厂内部的管道长度。

其中：**一级管网**指由热源至热力站间的供热管道，**二级管网**指热力站至用户之间的供热管道。

城市道路

指城市供车辆、行人通行的，具备一定技术条件的道路、桥梁、隧道及其附属设施。城市道路由车行道和人行道等组成。在统计时只统计路面宽度在 3.5 米（含 3.5 米）以上的各种铺装道路，包括开放型工业区和住宅区道路在内。

道路长度
指道路长度和与道路相通的桥梁、隧道的长度，按车行道中心线计算。

道路面积
指道路面积和与道路相通的广场、桥梁、隧道的铺装面积（统计时，将车行道面积、人行道面积分别统计）。

人行道面积按道路两侧面积相加计算，包括步行街和广场，不含人车混行的道路。

桥梁
指为跨越天然或人工障碍物而修建的构筑物。包括跨河桥、立交桥、人行天桥以及人行地下通道等。

道路照明灯盏数
指在城市道路设置的各种照明用灯。一根电杆上有几盏即计算几盏。统计时，仅统计功能照明灯，不统计景观照明灯。

防洪堤长度
指实际修筑的防洪堤长度。统计时应按河道两岸的防洪堤相加计算长度，但如河岸一侧有数道防洪堤时，只计算最长一道的长度。

污水排放总量
指生活污水、工业废水的排放总量，包括从排水管道和排水沟（渠）排出的污水量。

（1）可按每条管道、沟（渠）排放口的实际观测的日平均流量与报告期日历日数的乘积计算。

（2）有排水测量设备的，可按实际测量值计算。

（3）如无观测值，也可按当地供水总量乘以污水排放系数确定。

城市分类污水排放系数

城市污水分类	污水排放系数
城市污水	0.7~0.8
城市综合生活污水	0.8~0.9
城市工业废水	0.7~0.9

排水管道长度
指所有市政排水总管、干管、支管、检查井及连接井进出口等长度之和。计算时应按单管计算，即在同一条街道上如有两条或两条以上并排的排水管道时，应按每条排水管道的长度相加计算。

其中：**污水管道**指专门排放污水的排水管道。

雨水管道指专门排放雨水的排水管道。

雨污合流管道指雨水、污水同时进入同一管道进行排水的排水管道。

污水处理量
指污水处理厂（或污水处理装置）实际处理的污水量。包括物理处理量、生物处理量和化学处理量。

其中**处理本城区（县城）外**，指污水处理厂作为区域设施，不仅处理本城区（县城）的污水，还处理本市（县）以外其他市、县或本市（县）其他乡村等的污水。这部分污水处理量单独统计，并在计算本市（县）的污水处理率时扣除。

干污泥年产生量
指全年污水处理厂在污水处理过程中干污泥的最终产生量。干污泥是指以干固体质量计的污泥量，含水率为0。如果产生的湿污泥的含水率为$n\%$，那么干污泥产生量=湿污泥产生量×$(1-n\%)$。

干污泥处置量

指报告期内将污泥达标处理处置的干污泥量。统计时按土地利用、建材利用、焚烧、填埋和其他分别填写。其中：

污泥土地利用　指处理达标后的污泥产物用于园林绿化、土地改良、林地、农用等场合的处置方式。

污泥建筑材料利用　指将污泥处理达标后的产物作为制砖、水泥熟料等建筑材料部分原料的处置方式。

污泥焚烧　指利用焚烧炉将污泥完全矿化为少量灰烬的处理处置方式，包括单独焚烧，以及与生活垃圾、热电厂等工业窑炉的协同焚烧。

污泥填埋　指采取工程措施将处理达标后的污泥产物进行堆、填、埋，置于受控制场地内的处置方式。

绿化覆盖面积

指城市中乔木、灌木、草坪等所有植被的垂直投影面积。包括城市各类绿地绿化种植的垂直投影面积、屋顶绿化植物的垂直投影面积以及零星树木的垂直投影面积，乔木树冠下的灌木和草本植物以及灌木树冠下的草本植物的垂直投影面积均不能重复计算。

绿地面积

指报告期末用作园林和绿化的各种绿地面积。包括公园绿地、防护绿地、广场用地、附属绿地和位于建成区范围内的区域绿地面积。

其中：**公园绿地**指向公众开放，以游憩为主要功能，兼具生态、景观、文教和应急避险等功能，有一定游憩和服务设施的绿地。

防护绿地　指用地独立，具有卫生、隔离、安全、生态防护功能，游人不宜进入的绿地。主要包括卫生隔离防护绿地、道路及铁路防护绿地、高压走廊防护绿地、公共设施防护绿地等。

广场用地　指以游憩、纪念、集会和避险等功能为主的城市公共活动场地。

附属绿地　指附属于各类城市建设用地（除"绿地与广场用地"）的绿化用地。包括居住用地、公共管理与公共服务设施用地、商业服务业设施用地、工业用地、物流仓储用地、道路和交通设施用地、公共设施用地等用地中的绿地。

区域绿地　指位于城市建设用地之外，具有城乡生态环境及自然资源和文化资源保护、游憩健身、安全防护隔离、物种保护、园林苗木生产等功能的绿地。

公园

指常年开放的供公众游览、观赏、休憩，开展科学、文化及休闲等活动，有较完善的设施和良好的绿化环境，景观优美的公园绿地。包括综合性公园、儿童公园、文物古迹公园、纪念性公园、风景名胜公园、动物园、植物园、带状公园等。不包括居住小区及小区以下的游园。统计时只统计市级和区级的综合公园、专类公园和带状公园。

其中：**门票免费公园**指对公众免费开放，不售门票的公园。

道路清扫保洁面积

指报告期末对城市道路和公共场所（主要包括城市行车道、人行道、车行隧道、人行过街地下通道、道路附属绿地、地铁站、高架路、人行过街天桥、立交桥、广场、停车场及其他设施等）进行清扫保洁的面积。一天清扫保洁多次的，按清扫保洁面积最大的一次计算。

其中：**机械化道路清扫保洁面积**指报告期末使用扫路车（机）、冲洗车等大小型机械清扫保洁的道路面积。多种机械在一条道路上重复使用时，只按一种机械清扫保洁的面积计算，不能重复统计。

生活垃圾、建筑垃圾清运量

指报告期收集和运送到各生活垃圾、建筑垃圾厂和生活垃圾、建筑垃圾最终消纳点的生活垃圾、建筑垃圾的数量。统计时仅计算从生活垃圾、建筑垃圾源头和从生活垃圾转运站直接送到处理场和最终消纳点的清运量，对于二次中转的清运量不要重复计算。

餐厨垃圾属于生活垃圾的一部分，无论单独清运还是混合清运，都应统计在生活垃圾清运量中。

其中：**餐厨垃圾清运处置量**指单独清运，并且进行单独处置的餐厨垃圾总量，不含混在生活垃圾中清